美智子さまのお好きな花の図鑑

渡邉みどり　監修
水野克比古　写真

飛鳥新社

はじめに

本書は小さな判型《はんけい》の本（リトルブック）ですが、中身は四種類の味わいを備えた魅力たっぷりの図鑑です。まず一つ目の味わいですが、本書の書名の通り、美智子さまのお好きな花の名前を知ることができます。同時に、花の解説が付いているので、花の種類・分類などを知ることができます――本書に掲載している花々につきましては、御歌に詠まれていることや、美智子さま関連の御本や美智子さまを特集したテレビ番組等で詳しく取り上げられている花であることを選んだ基準にしています。

二つ目は、「美しい京都を撮る写真家」として国内はもとより海外での評価が高い水野克比古氏の写真によって、花々の美しさを堪能することができます。三つ目は、美智子さまが御歌《みうた》に詠まれた花・植物のページで、その御歌を鑑賞することができます。

そして四つ目は「回答全文」です。美智子さまが平成三年から三十年まで書き下ろされてきた「回答全文」がすべて収録されていますので、じっくりと拝読することができ、美智子さまをより深く知ることができます。

「回答全文」のことをご存知ない方もいらっしゃるかもしれませんので、簡単にご紹介させていただきます。「回答全文」は、美智子さまが、毎年の誕生日に、宮内記者会の質問に文書で回答されてきたもので、平成三年に始まり、平成三十年まで続いています。とても興味深い内容(目次に各年の内容の項目があります)になっていますので、この機会にぜひ読まれることをおすすめいたします。

話を最初にもどします。本書は小さな本(リトルブック)です。実は、小さな判型の図鑑にしたのは、本書を贈り物にしていただきたかったからです。平成を共に過ごした大切な方へプレゼントしていただきたいと思ったからです(むろん、あなたご自身へも)。そうすればきっと、美智子さまのお好きな花々から「永遠の命」をもらっていただけますから。

美智子さまは、昭和・平成をいっしょに過ごして来られた、私たちの「心の友」でした。その美智子さまが、天皇陛下と共に公務から離れられ、赤坂の自然の中で過ごされることになりました。美智子さまと天皇陛下が、赤坂の地で静かな心豊かな日々を過ごされますよう、私たちは共にお祈りいたしましょう。

平成三十一年四月三十日、退位の日に記す。

【もくじ】

【参考文献】

『ともしび―皇太子同妃両殿下御歌集』（ハースト婦人画報社）／『瀬音―皇后陛下御歌集』（大東出版社）／『皇后美智子さま 全御歌』（新潮社）／『御所のお庭』（扶桑社）／『日本大歳時記』（講談社）／『四季花ごよみ』（講談社）／『NHK 出版 季寄せ』（NHK 出版）／『角川 季寄せ』（角川学芸出版）／『草木花　歳時記』（朝日新聞社）／『日本の野草』（小学館）／『野草の名前』（山と渓谷社）／『散歩で見かける野の花・野草』（日本文芸社）／『季語の花』（TBS ブリタニカ）／『日本の樹木』（小学館）／『樹木の名前』（山と渓谷社）／『俳句でつかう季語の植物図鑑』（山川出版社）

春

三～五月

初《しょ》春《しゅん》❖二月四日～三月五日
仲《ちゅう》春《しゅん》❖三月六日～四月四日
晩《ばん》春《しゅん》❖四月五日～五月五日

ウメ（梅）

Prunus mume

科名：バラ科
分類：落葉高木
花期：2月〜3月

「花木《かぼく》の王者」と呼ばれている梅。
梅の花の種類は江戸時代でも
すでに三百種以上あったといわれている。
それぞれに優雅で清楚な梅花の
微妙な違いを愛でる人が多い。
中国原産。耐寒性に富み、
北海道を除く全国で栽培されている。
観賞用の花梅《はなうめ》の数は約三百種で、
園芸的に野梅《やばい》系、紅梅系、豊後《ぶんご》系の
三つに分けられる。

春空

つばらかに
咲きそめし
梅仰ぎつつ
優しき春の空に
真むかふ

昭和三十五年

▶北野天満宮

ハクバイ（白梅）

Prunus mume

科名：バラ科
分類：落葉低・高木
花期：2月〜3月

白梅《はくばい》、紅梅《こうばい》、黄梅《おうばい》とあるが、
黄梅はモクセイ科の落葉小低木で
ウメではない。
ウメの咲く時期にウメによく似た
黄色い花を咲かせるために
黄梅の名が付いた。
ウメは普通、花の色によって
白梅と紅梅に分けられる。
白梅には早春の冷ややかな美しさや
気品が感じられ、
白梅より花期がやや遅れる
紅梅には暖かさが感じられる。

◆——又の日、亡き宮のお印なりし
梅の木の蕾つぎつぎと開くを見て

白梅《しらうめ》の
花ほころべど
この春の
日ざしに君の
笑《ゑ》まし給はず

昭和六十二年

※亡き宮とは高松宮様のこと。

フクジュソウ（福寿草）

Adonis amurensis

科名：キンポウゲ科
分類：多年草
花期：2月〜3月

新年に咲くだけではなく、
花の色が黄金色のため、
江戸時代には、一番に春を告げ、
福をもたらしてくれる草ということで
〝福告ぐ草〟と呼ばれていた。
寒さにきわめて強く、
野生種は北海道やシベリアにも自生する。
ちなみにアイヌの人たちはこの美しい花を
〝クナウ・ノンノ（母の花）〟と呼んでいる。
花は晩春には枯れてしまう。

サンシュユ（山茱萸）

Cornus officinalis

科名：ミズキ科
分類：落葉小高木
花期：3月〜4月

中国、朝鮮原産。
春黄金花《はるこがねばな》、やまぐみ、
秋珊瑚《あきさんご》などという美しい別名がある。
徳川八代将軍吉宗が行った享保の改革で、
薬になる植物の輸入が積極的に行われ、
本種はその時代に薬用植物として
渡来している。
早春にたくさんの小さな黄色い花が咲き、
少し離れると木全体が真っ黄色に見える。
別名の春黄金花そのものである。

マンサク（金縷梅）

Hamamelis japonica

科名：マンサク科
分類：落葉小低・高木
花期：3月～4月

清凉寺

名前の由来は、
早春、まだ雪が残っている山中で、
一番に咲く花だから〝まず咲く〟、
それが東北地方で
〝まんず咲く〟と訛《なま》り、
マンサクになったという説が
有力である。
北海道から九州までの
各地の山地に自生。
名前が「満作」ともとれ、
花弁がちぢれていて
神秘的な雰囲気があるので、
豊作を祈る木として
農家の庭先に植えられている。

◆歌会始御題　葉

おほかたの
枯葉は枝に
残りつつ
今日まんさくの
花ひとつ咲く

平成二十三年

リュウキュウカンヒザクラ（琉球寒緋桜）

Rumex acetosa

科名：バラ科
分類：落葉小高木
花期：1月〜3月

沖縄で栽培されている
カンヒザクラの一品種。
御所の南庭などに植えられている。
カンヒザクラと比べると、
カンヒザクラの花は鐘形《しょうけい》だが
本種の花は平開する。
また花色がカンヒザクラは緋紅色《ひこうしょく》だが、
本種は桃紅色《とうこうしょく》でやや淡い。
カンヒザクラの名前の由来は、
寒い時期に咲くので〝寒《かん》〟、
花色が赤いので〝緋《ひ》〟、
合わせてカンヒザクラ。

ラッパスイセン（喇叭水仙）

Narcissus pseudo-narcissus

科名：ヒガンバナ科
分類：多年草
花期：3月〜4月

御所の食堂テラス先と北庭には二種類のラッパスイセンが群生している。ロンドンにある植物園からお取り寄せになり、植えられた。花がなく庭がさみしい二月の終わり頃に咲き、鮮やかな黄色が、まわりを明るく照らす。一茎一花《いっけいいっか》で、ふつうのスイセンに比べて副花冠《ふくかかん》が長く、ラッパ状になるのが特徴。ニホンスイセンよりも小柄。

コブシ（辛夷）

Magnolia kobus

科名：モクレン科
分類：落葉高木
花期：3月～4月

「本当に小さな思い出を一つお話しいたします。春、辛夷《こぶし》の花がとりたくて、木の下でどの枝にしようかと迷っておりましたときに、陛下が一枝を目の高さまで降ろしてくださって、そこに欲しいと思っていたとおりの美しい花がついておりました。うれしくて、後に歌にも詠みました」

（結婚五十周年記者会見のお話　平成二十一年四月）

ある日

仰《あふ》ぎつつ
花えらみゐし
辛夷《こぶし》の木の
枝《えだ》さがりきぬ
君に持たれて

昭和四十八年

恵心院

ヒュウガミズキ（日向水木）

Corylopsis pauciflora

科名：マンサク科
分類：落葉低木
花期：3月〜4月

本種はマンサク科トサミズキ属。トサミズキ属はヒマラヤと東アジア特産の珍しい属で、約二十種ある。そのうちの四種が日本に自生していて、よく栽培されるのはトサミズキと本種である。本種は花も葉もやや小さく、一つの花序に咲く花の数も二〜三と少ない。近畿地方の日本海側の限られた地域の岩場に自生している。

ヒガンザクラ（彼岸桜）

Prunus pendula var. ascendens

科名‥バラ科
分類‥落葉小高木
花期‥3月〜4月

春の彼岸（春分の日の前後七日間）の頃に
開花するので彼岸桜。
「小彼岸《こひがん》」は本種の別名。
サクラの中ではもっとも早く開花する。
花は小さく、大木にはならず
高さは五メートルくらい。
サクラは古くから
改良を重ねられてきたので、
変種も多く、その名称に混乱が見られる。
例えば、本種のことを
エドヒガン（ウバヒガン）と
呼ぶこともあるようだ。

❖彼岸桜

枝《えだ》細み
木《き》ぶりやさしく
小彼岸《こひがん》の
春ひと時を
花つけにけり

昭和四十八年

シダレザクラ（枝垂桜）

Prunus pendula

科名：バラ科
分類：落葉高木
花期：3月〜4月

桜の品種はヤマザクラ群、
エドヒガン群など六群に分けられる。
現代のサクラの代表種であるソメイヨシノは、
エドヒガンとオオシマザクラの
雑種といわれている。
本種はエドヒガンの〝枝垂《しだ》れ〟性品種で、
枝が長く垂れ下がる特徴が名前に。
本種とソメイヨシノの〝親〟にあたる
エドヒガンは、江戸で毎春、
彼岸の頃に咲くのでその名前に。

植樹祭

父祖《ふそ》の地と
君がのらしし
京の地に
しだれ桜の
幼木《をさなぎ》を植う

平成三年

サワラビ（早蕨）

Pteridium aquilinum var. latiusculom

科名：コバノイシカグマ科
花期：8月

ワラビは繁殖力が旺盛で、
大群落をつくるシダ植物である。
早春に日当たりのよい山野に萌え出て、
若芽を芽吹かせているのをよく見かける。
若葉になる前のこの若芽は、
小児の拳《こぶし》の形に似ていて、
食べ頃の山菜として人気がある。
早蕨というのはこの若芽のことである。
ワラビは〝和良比〟の文字で、
またサワラビは
早蕨の文字で『万葉集』に出ている。

❖長き抑留生活にふれし歌集を読みて
——早蕨

ラーゲルに
帰国のしらせ
待つ春の
早蕨《さわらび》は羊歯《しだ》に
なりて過ぎしと

昭和五十三年

ハナニラ（花韮）

Ipheion uniflorum

科名：ユリ科
分類：多年草
花期：3月～4月

ハナニラ（学名から
イフェイオンとも呼ばれる）は、
葉の形がニラに似ていて揉むと
ニラのような臭気があるので
この名が付いた。
ただし、ニラとちがって、
ハナニラは食べられない。
英名は花の形から、
スプリング・スターフラワー。
野菜のハナニラは
花が食べられるので「花ニラ」。
そして、野菜のニラは葉が食べられる。

百武彗星

彗星《すいせい》の
姿さかりて
春深む
地にハナニラの
白き花咲く

平成八年

ツクシ（土筆）

Equisetum arvense

科名：トクサ科
分類：多年草
花期：3月〜5月

ツクシはスギナという草の
胞子茎のことである。
ツクシは地上に突き出て、
勢いよく伸びるので、
「突く」に語を強める「し」が加わって
「つくし」となった。
漢字で「土筆」と書くのは、
形が筆に似ていて土に生えているため。
スギナは、葉が杉の葉に似ていて、
茎（ツクシ）が食べられるので、
これを意味する〝菜＝ナ〟が付いて
スギナになった。

土筆

梅の香を
ふふむ風あり
来し丘の
やや寒くして
土筆《つくし》はいまだ

昭和五十七年

レンゲソウ（蓮華草）

Astragalus sinicus

科名・・マメ科
分類・・越年草
花期・・4月〜5月

蓮華草のことも
蓮華の花（ハスの花）のことも
レンゲと呼ぶのでまぎらわしい。
童謡の「春の小川」の「〜れんげの花に」は
蓮華草で、「ひらいたひらいた」の
「れんげの花がひらいた」は蓮華の花のこと。
蓮華草はレンゲ、ゲンゲとも呼ばれる。
蓮華草の花は上から見ると
輪になっていることから
仏像の蓮華座《れんげざ》に見たててレンゲという。

❖──秩父宮妃殿下をお偲びして

もろともに
蓮華《れんげ》摘《つ》まむと
宣《の》らししを
君在《ま》さずして
春のさびしさ

平成八年

スカンポ／酸葉《すいば》

Rumex acetosa

科名：タデ科
分類：多年草
花期：5月～8月

茎や葉をかじると
酸《す》っぱい味がするので、〝酸《す》い葉《ば》〟に。
俗称のスカンポは、
童謡「すかんぽの咲く頃」（北原白秋作詞、
山田耕筰作曲）の歌詞に使われていること
もあってよく知られているが、
タデ科のイタドリの別名もスカンポである。
スカンポという名前は、江戸時代の
百科事典『和漢三才図絵《さんさいずえ》』などにも
紹介されているが、
由来ははっきりしていない。

❖—ほととぎす

ほととぎす
やがて来鳴《きな》かむ
この園《その》に
スカンポは丈《たけ》
高くなりたり

平成四年

（上右）スカンポ　（上左）イタドリ

紙椿（かみつばき）

Kamitsubaki

「紙椿」は、奈良・東大寺二月堂の
修二会（お水取り）の行事の中でつくられる、
ツバキの造花のこと。
本物のツバキの枝に、
紙でつくったツバキをさす。
できあがった花は、
二月堂本尊の十一面観音に供えられる。

▲東大寺（花ごしらえ）

❖ 二月堂修二会（お水取り）

きさらぎの
御堂《みだう》の春の
言触《ことぶれ》の
紙椿《かみつばき》はも
僧房《そうぼう》に咲く

昭和四十二年

サクラ（桜）

cherry tree

科名：バラ科
分類：バラ科サクラ属十数種の総称
花期：3月〜5月

国花とされている。
春の桜は花王《かおう》と称される。
日本人がサクラの花を
称揚するようになったのは平安時代より。
宮中で花見の行事が行われるようになったから。
花見の習慣は室町時代の大野原の花見、
豊臣秀吉の醍醐の花見などによって
より広い層に広がった。
いっせいに開花し
ほどなく散っていく姿が、
日本人の美意識にマッチしたのだろう。

❖歌会始御題　歌

移り住む
国の民とし
老いたまふ
君らが歌ふ
さくらさくらと

平成七年

桜吹雪（さくらふぶき）

A shower of cherry blossoms

「落花《らっか》」という言葉は、
最近はあまり使われていないが、
意味は花が散り落ちること、
もしくは散って落ちた花のことで、
特に桜の花にいわれている。
この落花の傍題《ぼうだい》（関連季語）に
「花吹雪」「花屑《くず》」「花筏《はないかだ》」などがあるが、
桜吹雪もその一つで、
満開の桜が吹雪のように散る様子と、
散りぎわの美しさを表現した
季語である。

上賀茂神社

❖ 歌会始御題　桜

風ふけば
幼《をさな》き吾子《わこ》を
玉ゆらに
明《あか》るくへだつ
桜ふぶきは

昭和五十五年

オオシマザクラ（大島桜）

Prunus lannesiara var. speciosa

科名：バラ科
分類：落葉高木
花期：3月～4月

花冷え

園の果てに
大島桜
訪《と》ふといふ子に
重《かさ》ね着《ぎ》の衣《きぬ》を
もたせぬ

昭和五十二年

伊豆諸島の伊豆七島の一つである
伊豆大島などに
分布していることからこの名前に。
伊豆半島や房総半島のものは
自生か野生化したもの。
花は四月上旬に葉と同時に開花する。
樹高は八〜十メートル。
オオシマザクラは原種で、
古い時代から栽培されている。
オオシマザクラの葉を
塩漬けにして（クマリンの香りがする）
桜餅にする。

桜月夜《さくらづくよ》

月の夜を
出《い》でて見さくる
この園に
大島桜
花白く咲く

昭和五十四年

ヤマザクラ（山桜）

Prunus jamasakura

科名：バラ科
分類：落葉高木
花期：4月上・中旬

古歌に詠まれているサクラで、日本を代表する花はこのヤマザクラである。本州中部以西の山野に自生する。

古くは邸宅の桜は家桜と呼び、山野の桜を山桜と呼んだのだが、名前がそのまま残った。

奈良の吉野や京都の嵐山など、平安時代から桜の名所に咲いていたのは山桜である。

真っ赤な新芽と清楚な花との対比がことに美しい。

◆——五島美代子師をいたみ

二月二十八日　昏睡の師をおとなふ

いまひとたび
朝山桜みひたひに
触れてわが師の
蘇《よみがへ》らまし

昭和五十三年

モモ（桃）

Prunus persica

科名：バラ科
分類：落葉小低木
花期：4月

中国北部、黄河上流にある
高原地帯原産。
長崎県の伊木力《いきりき》遺跡から縄文時代の
モモのタネが出土していることから
その時代に中国から本格的に
入ってきたものと考えられている。
花を観賞する花モモと
採果用の実モモに大別できる。
果実を食用とするようになったのは
明治以降である。
花モモの実は小さくて堅《かた》いので
食用に向かない。

薫る

母宮の
生《あ》れましし日も
かくのごと
光さやかに
桃薫《かを》りけむ

昭和五十四年

皇后陛下御誕辰御兼題

リラ（ライラック）

Syringa vulgaris

科名：モクセイ科
分類：落葉低木
花期：4月〜6月

リラ（lilas）はフランス名、
ライラック（lilac）は英名。
寒冷地を好むので日本では
東北・北海道の公園などに植えられている。
四〜六月頃に、淡い紫色の小花が
穂状に集まって咲く。
香りが良いことでも知られている。
花先が四つに分かれているが、
まれに五つに分かれているものがあって、
ヨーロッパでは
ラッキー・ライラックと呼ばれる。

花曇

花曇《はなぐもり》
かすみ深まる
ゆふべ来て
リラの花房
ゆれゐる久し

昭和四十九年

ハナミズキ（花水木）

Cornus florida

科名：ミズキ科
分類：落葉高木または小高木
花期：4月～5月

ミズキは春先に枝を切ると
樹液が滴り落ちてくることから
〝水の木〟→水木（ミズキ）が名前の由来。
本種はそのミズキの仲間で、
ミズキよりも花が目立つのでこの名前に。
明治四十五年、
東京市長がワシントン市にサクラを贈り、
その返礼として大正四年に、
アメリカ合衆国から本種が届いた。
日米親善の歴史を物語る花木である。

▲梅宮大社

花片（はなびら）

A petal

緑

緑なす
木木さやぐ時
いづくより
散りくるならむ
残る花片《はなびら》

平成七年

勧修寺

花吹雪（はなふぶき）

A shower of cherry blossoms

双《もろ》の手を
空に開きて
花吹雪《はなふぶき》
とらへむとする
子も春に舞ふ
天皇陛下御誕辰御兼題
昭和四十三年
天鏡院

花鎮めの祭（はなしづめのまつり）

Chinkasai

「花鎮めの祭」は
もともとは宮中の行事で、
今日も奈良県三輪大神の
狭井神社で行われているが、
京都・今宮神社のやすらい祭も有名。
写真は「やすらい祭（今宮神社）」

歌会始御題　祭

三輪《みわ》の里
狭井《さゐ》のわたりに
今日もかも
花鎮《しづ》めすと
祭りてあらむ

昭和五十年

ナノハナ（菜の花）

Brassica napus

科名：アブラナ科
分類：二年草
花期：4月～6月

春の田園は、麦畑の青、れんげ畑の赤、そして菜の花畑の黄で彩られる。
菜の花の名前の由来は、油菜《あぶらな》、菜種菜《なたねな》の「菜」の花、ということのようだ。
油菜（アブラナ）という名前の由来は、この草のタネを搾って灯油などの油にしたため油の菜→油菜に。
近年までは全国で菜の花畑が見られたが、油菜栽培が激減したために少なくなった。

▲大御堂観音寺

イチリンソウ（一輪草）

Anemone nikoensis

科名：キンポウゲ科
分類：多年草
花期：3月〜4月

茎を一本だけ出し、
その先に花を一つ咲かせるのでこの名に。
本種の名前は、貝原益軒《かいばらえきけん》が編纂した
本草書《ほんぞうしょ》（医薬書）の『大和本草《やまとほんぞう》』にも
掲載されている。
この名前になるまでは、
花が一輪しか咲かないので
〝一花草《いちげそう》〟などと呼ばれていた。
わが国の特産種で、
本州、四国、九州に分布。
山すその草地や林地などに自生する。

ニリンソウ（二輪草）

Anemone flaccida

科名：キンポウゲ科
分類：多年草
花期：3月～4月

全国の山地でふつうに見かける草である。仲間の一輪草と比べるとひとまわり小さく、一輪草にはある葉柄（葉と茎の間にある細い柄）が本種にはない。
一輪草は花が必ず一輪しか咲かないのでその名が付いたが、
本種は必ず二輪しか咲かない、
ということはなく、
実際には三輪、四輪と咲くことがある。
ちなみにサンリンソウ（三輪草）という草もある。

シラカバ（白樺）

Betula platyphylla var. japonica

科名：カバノキ科
分類：落葉高木
花期：4月

このページの御歌は、
昭和四十四年四月十八日、
紀宮さまがお生まれになった折の
三首連作の中の二首。
シラカバは両陛下の出会いを象徴する木で、
美智子さまのお印《しるし》（日本の皇族が身の回りの
品などに用いる徽章《きしょう》・シンボルマーク）は
白樺である。

本州中部以北の高原や山地に自生する。
避暑地をイメージさせる植物の一つである。
カバノキ（樺の木）は
カバノキ科カバノキ属の樹木の総称で、
シラカバは「樹皮の白いカバノキ」の意。
低い山の日当たりの良い場所に群生する。

紀宮誕生

そのあした
白樺の若芽
黄緑の
透《す》くがに思ひ
見つめてありき

昭和四十四年

部屋ぬちに
夕べの光
および来ぬ
花びらのごと
吾子《わこ》は眠りて

昭和四十四年

エラブユリ（永良部百合）

Lilium longiflorum

科名：ユリ科
分類：多年草
花期：4月下旬〜5月上旬

両陛下は二〇一二年に沖永良部島《おきのえらぶじま》を
訪問する予定だったが、
陛下の心臓手術で中止になった。
そのときに、
島の栽培農家の方がお見舞いに
本種を宮内庁に送ったことがあった。
そうしたところ、
二〇一七年十一月八日に
両陛下は島を訪問された。
その折に、
美智子さまは本種の匂いを嗅がれ
「どの花にもまして甘い香り、
一度嗅いだら忘れられない」とおっしゃった。

タンポポ（蒲公英）

Taraxacum

科名：キク科
分類：多年草
花期：2月〜5月

古名は鼓草《つづみぐさ》。葉を含めた全体を
上から見た形が鼓面《こめん》に似ているから。
鼓《つづみ》を打つと「タンポン、タンポン」と
音をたてるが、この音が
名前の由来という説がある。
明治の初めに渡来した
セイヨウタンポポが勢力を広げているが、
各地で在来種も自生している。
西洋種と在来種の見分け方は、
花を支えている苞葉《ほうよう》の部分。
これがまくれていると西洋種。

たんぽぽ

たんぽぽの
綿毛《わたげ》を追ひて
遊びたる
遥《はる》かなる日の
野辺なつかしき

昭和六十二年

シロバナタンポポ（白花蒲公英）

Taraxacum albidum

科名：キク科
分類：多年草
花期：3〜5月

『御所のお庭』という本の中に、
両陛下が皇居のカントウタンポポを
大切にされていて、
セイヨウタンポポとの
交雑が進まないように
注意深く管理されている、
という話が出てくる。
本種はそのカントウタンポポと
同じく在来種で
関東〜九州の日当たりのいい
道端などに自生している。
花びらが白いのでこの名前に。

カントウタンポポ（関東蒲公英）

Taraxacum platycarpum

科名・キク科
分類・多年草
花期・3〜5月

タンポポは日本各地に
20種ほどが自生している。
子どもの頃から馴れ親しんできた、
春の野の花を代表する植物の一つ。
ヨーロッパ原産の
セイヨウタンポポ（明治時代の初期に渡来）
が勢力を拡大してはいるが、
関東地方には、比較的在来種が多い。
本種はその一つ。
関東、静岡、山梨の日当たりのいい
道端などに自生している。

ヨモギ（蓬）

Artemisia princeps

科名：キク科
分類：多年草
花期：8月〜10月

冬枯れの野原で、
他の野草にさきがけて、
香気のある若葉を出す。
本種の若芽を摘んで茹《う》で、
餅とともについて草餅にする。
夏の葉はお灸《きゅう》の「もぐさ」になるので、
私たちの生活に馴染み深い草である。
古くから
その香りが邪気を払うとされ、
三月三日の桃の節句で
草餅（よもぎ餅）を食べるのは、
邪気を払い女の子の
健やかな成長を願うため。

よもぎ

早春《さうしゅん》の
日溜りにして
愛《かな》しくも
白緑色《はくりょくしょく》の
よもぎは萌えぬ

平成元年

夏

六～八月

初《しょ》夏《か》❖五月六日～六月五日
仲《ちゅう》夏《か》❖六月六日～七月六日
晩《ばん》夏《か》❖七月七日～八月七日

ボタン（牡丹）

Paeonia suffruticosa

科名：ボタン科
分類：落葉小低木
花期：5月

花の豪華さから
「百花の王、百花の神」と呼ばれる。
中国原産。日本には
奈良時代の聖武天皇の頃に
渡来したといわれている。
一般的な春牡丹の花期は五月で、
白、淡紅、黄、紫など品種は多い。
真紅の濃いものは黒牡丹という。
どの花も豪華で、
えも言われぬ高貴さを漂わせている。
特に白牡丹の美しさは格別である。
福島県の須賀川《すかがわ》は牡丹の名所として有名。

❖牡丹

皇居奉仕の
人らの言ひし
須賀川《すかがは》の
園《その》の牡丹を
夜半《よは》に想へる

昭和五十七年

天皇陛下御誕辰御兼題

建仁寺

花みだれ咲く
Flowers blooming disturbance
歌会始御題　山

高原《たかはら》の
花みだれ咲く
山道に
人ら親しも
呼びかはしつつ
昭和四十七年
原谷苑

ウメ(青き梅実る)

Armeniaca mume

科名：バラ科
分類：落葉高木
花期：2月〜3月
果期：6月

北野天満宮

初夏になると、青い梅の実が若葉の間で太りはじめて、目につくようになる。まるで若葉と競いあうかのようなその青さはじつに清々しい。

ウメは中国中部原産で、北海道を除く全国で栽培されている。野生化したものも各地の山野で見られる。

青梅《あおうめ》は煮梅、てんぷら、塩漬け、梅酒などにされる。

梅干しは、熟する直前の青すぎないものを用いる。

❖——英国にて元捕虜の激しき抗議を受けし折、かつて「虜囚」の身となりしわが国人の上しきりに思はれて

語らざる
悲しみもてる
人あらむ
母国《ぼこく》は青き
梅実る頃

平成十年

北野天満宮

ウメ（梅の実）

Armeniaca mume

現代の日本人にとっては、
花といえば桜だが、『万葉集』時代では
花といえば梅をさしていた。
昔の日本人は桜よりも梅を愛していたのだ。
『万葉集』で
梅を詠んだ歌はおよそ百二十首もあるが、
桜は約四十首しかないことも、
そのことを表している。
花のあとに生る実は酸味に富み、
梅雨の頃に採って
漬けて梅干しにしたり、
梅酒をつくったりする。

梅雨寒

やむとしも
なく降り続く雨のなか
小寒《こさむ》き園《その》に
梅の実を採《と》る

昭和五十六年

エンドウ（豌豆）

Pisum sativum

科名：マメ科
分類：一・二年草
花期：3月〜4月
果期：5月

原産地は西アジアから
ヨーロッパにかけて。
世界各地で栽培されている。
晩春に花柄《かへい》を出し、
蝶の形に似た花を二つ、横向きに咲かせる。
名前については、
ほかの野生の豆と区別するために、
〝丸い豆〟という意味から
円豆《えんず》と読んでいたのだが、
やがて「豆《ず》」を〝とう〟と読むようになり
エンドウになったと思われる。

シレネ

Silene

科名：ナデシコ科
分類：一年草
花期：5月～6月

別名ムシトリナデシコ（虫取撫子）。
原産地は南ヨーロッパ、
地中海沿岸の乾燥地で、
江戸時代の末期に
渡来したとされる園芸種。
花の付け根や
上部の茎の節から粘液を分泌し、
小さな虫がくっつくことがあるが、
食虫植物ではない。
庭などで栽培されていたものが
帰化植物化して、
河原などに自生するようになった。

シモツケ（繡線菊）

Spiraea japonica

科名：バラ科
分類：落葉小低木
花期：6月～8月

江戸時代かそれ以前に、下野《しもつけ》の国（栃木県）で発見された。日本全土に分布。山地の草原や明るい林の中に自生するほか、庭木として栽培される。本種はバラ科シモツケ属で、同属にはコデマリ、ユキヤナギなどが。乾燥にも強く、岩や土がむきだしになっている場所でも見かける。主幹がなく樹高も低いので一見、草のように見える。

サラサドウダン（更紗満天星）

Enkianthus campanulatus

科名：ツツジ科
分類：常緑低木〜小高木
花期：5月〜7月

北海道、本州、四国に分布。
奥深い山の林内・林縁に生え、
公園や庭などに植栽されている。
刈り込みに強いので生け垣にも用いられる。
長い花柄《かへい》に花がぶら下がっている姿から
フウリンツツジとも呼ばれる。
名前の〝サラサ〟は、
花の模様が更紗《さらさ》染めに似ているため。
仲間にベニドウダン、
ベニサラサドウダン、シロドウダンなど。

ルピナス（昇藤《のぼりふじ》）

Lupinus perennis

科名：マメ科
分類：多年草
花期：5月～6月

群植されている様子を見ていると、誰もがファンタジーの世界に入りこんだような気分になってしまうことだろう。まるでおとぎの国に咲いているような花である。

北海道の上川郡美瑛町《びえいちょう》には観光向けにルピナスの花畑がある。

藤の花を逆さにしたような花姿《はなすがた》から、「昇藤」という和名がつけられている。

ルピナスはラテン語でオオカミの意。

アヤメ（菖蒲）

Iris sanguinea

科名：アヤメ科
分類：多年草
花期：5月〜7月

属名《ぞくめい》のIris（イリス）はギリシャ語で、
虹の意味。
この花は虹のように美しい、
ということに由来する。
「アヤメ」という名は、
同属のハナショウブ、カキツバタ、
イチハツなどアヤメ属の総称に用いられ、
狭義には、北海道、本州に分布し、
五月頃に花を咲かせ、
花びらに紫色の網目模様があるのが特徴の
宿根草の名前に用いられる。

ウノハナ（卯の花）

Deutzia crenata
科名：アジサイ科
分類：落葉低木
花期：5月〜6月

初夏のさわやかな日差しに映える
生け垣の花である。
「ウツギの花」を略してウノハナという。
日本各地の山野に自生する。
五〜六月頃、枝の先に
小さな白い花を固まって咲かせる。
萼筒《がくとう》は鐘形《しょうけい》をしていて、
星形の毛が全体を覆っている。
愛らしい花は昔から日本人に親しまれ
『万葉集』の中にも
その名が数多く登場している。

❖田植

卯《う》の花の
花明《あか》りする
夕暮れに
御田《みた》の早苗《さなへ》を
想ひつつゆく

昭和五十六年

下鴨神社

麦の穂
麦の穂（むぎのほ）
Ear of wheat

思ひゑがく
小金井の里
麦の穂揺れ
少年の日の
君立ち給ふ

昭和四十九年

麦の穂（むぎのほ）

Ear of wheat

八十八夜

麦の穂の
すこやかに伸び
この年も
霜の別れの
頃となりたり

昭和五十五年

カーネーション

Dianthus caryophyllus

科名：ナデシコ科
分類：多年草
花期：4月～6月

ヨーロッパ、西アジア原産。
紀元前から栽培されていたといわれている。
わが国へは江戸初期に
オランダ船によって渡来した。
今日では、五月の第二日曜日の
「母の日」（一九一四年にアメリカで
制定）にカーネーションを贈る
習慣が定着している。
赤を健在の母親に、
白を亡母に捧げるというのは、
日本人らしい繊細な気配りといえる。

母の日

わが君の
はた国人《くにびと》の
御母《みはは》にて
けふ母の日の
花奉《たてまつ》る

平成八年

バラ（薔薇）

Rosa

科名：バラ科
分類：落葉・常緑低木
花期：4月〜5月・9月〜10月

一八六七年、フランスで、
画期的なバラが誕生した。
大輪で完全四季咲きの性質をもっている
「ラ・フランス」のことだ。
このバラが誕生したことで、
さまざまな色のバラを四季咲きで
楽しむことができるようになった。
人類がバラを愛し、栽培した歴史は古く、
バラの園芸史は
三千年以上と考えられている。
ちなみに日本には約十種が自生している。

（上）プリンセス・ミチコ
世界でも有数の歴史を誇るイギリスの
バラ育種《いくしゅ》会社・ディクソン社から献呈された

❖薔薇

剪定《せんてい》の
はさみの跡《あと》の
くきやかに
薔薇《さうび》ひともと
いのち満ち来ぬ

昭和三十七年

皇后陛下御誕辰御兼題

キリノハナ（桐の花）

Paulownia tomentosa

科名：キリ科
分類：落葉高木
花期：5月～6月

切ってもすぐに成長する特徴があり、
成長させるために
あえて切る木でもあるので、
この木の場合〝切る〟という言葉が
よく使われた。
そのために〝切る〟がキリに変化して
名前になった。
花は淡紫色で長い鐘形。
五月頃に、先端が五裂して裂片が開く。
葉が美しい形をしていて、
明治時代には皇室の紋章にも用いられた。

桐の花

やがて国
敗《やぶ》るるを知らず
疎開地《そかいち》に
桐《きり》の筒花《つつばな》
ひろひゐし日よ

平成四年

シイ(椎)

Castanopsis cuspidata

科名：ブナ科
分類：常緑高木
花期：5月～6月

椎《シイ》は、スダジイとツブラジイの総称。
スダジイとツブラジイは、
どんぐりの大きさで区別できるが
(小さくてつぶらなほうがツブラジイ)、
どんぐりが実っていない時期は
むずかしい。
ただ、ツブラジイは寿命が短いので、
神社や寺院の境内で見かける、
樹齢四百～五百年ほどになる
椎の大樹はスダジイである。

❖木かげ

暑き陽《ひ》を
受けて遊べる
幼児《をさなご》を
ひととき椎《しひ》の
木かげに入《い》るる

平成六年

ワカダケ（若竹）
コトシダケ（今年竹）

Bambusaceae

科名：イネ科

花期：花は数年に一度しかつかない

タケ類とササ類は植物学的には木本《もくほん》植物でも草本《そうほん》植物でもないが、通常は樹木の仲間として扱う。しかし、多くの樹木と異なり幹（稈《かん》）は中空《ちゅうくう》である。

タケは、地下茎から春に出る新芽（筍《たけのこ》）を食用にする。初夏、地上に出た筍は、茶色の皮を脱いでぐんぐんと伸び、みずみずしい若葉を広げて若竹になる。その年に生えたので今年竹ともいう。

若竹

おのづから
丈高くして
すがすがし
若竹まじる
このたかむらは

昭和五十八年

今年竹

少年の
姿に似たる
今年竹《ことしだけ》
すくやかに立ちて
風にさやげり

昭和五十年

ジュウヤク（十薬）

Houttuynia cordata

科名：ドクダミ科
分類：多年草
花期：6月〜7月

十薬《じゅうやく》はドクダミのこと。
俳句の世界では
十薬の名前のほうが
よく使われている。
本州、四国、九州、沖縄に分布。
日陰地に群生している。
総苞片が多い八重咲きの花は
あまりに可憐なので、
見つけると幸せな気持ちになる。

◆この年の春

草むらに
白き十字の
花咲きて
罪なく人の
死にし春逝《ゆ》く

平成二十三年

※東日本大震災の年に詠まれた。

東日本大震災が起こった翌年の
二〇一二年（平成二十四年）の新年に、
宮内庁は、前年にお詠みになった、
天皇陛下五首、
美智子さま三首の歌を発表した。
この三首の中に、
十薬《じゅうやく》（白き十字の花）が
出てくる御歌がある。
また、三首には、
両親と妹が津波にさらわれた
四歳の少女が、
母親宛てに手紙を書いていて、
手紙の上で寝入ってしまっている写真を
新聞記事でご覧になって詠まれた
次の御歌も含まれている。

◆手紙

「生きてると
いいねママ
お元気ですか」
文《ふみ》に項傾《うなかぶ》し
幼な児眠る

平成二十三年

サナエ（早苗）

Sprouts of rise

科名：イネ科
花期：8月

苗代《なわしろ》（田植えの前に、イネの種をまいて苗を育てる田のこと）から田んぼへ移し植える頃のイネの苗のことを早苗という。

イネは四～五月に苗代に種をまくと、六月～七月には二十センチ前後に生長して本葉が七～八枚出る。

この頃が田植えの時期である。

早苗は、みずみずしい緑が美しいので玉苗《たまなえ》とも呼ばれる。

❖御兼題　早苗

瑞《みづ》みづと
早苗生ひ立つ
この御田《みた》に
六月の風
さやかに渡る

平成二年

文仁親王の結婚を祝ふ御兼題

ノハナショウブ（野花菖蒲）

var.spontanea

科名：アヤメ科
分類：多年草
花期：6月～8月

御所の南庭では、
那須や軽井沢などから移された
苗や種子が大切に育てられ増やされている。
例えば春にはアサマキスゲ、
アカバナシモツケなどが、
秋にはヤマハギ、リュウノウギクなど
であふれていて、
さながら〝自然の草原〟のようになっている。
六月頃、ノハナショウブも南庭で、
濃い紅紫色の大きな花を咲かせている

ベニバナ（紅花）

Carthamus tinctorius

科名：キク科
分類：一年草
花期：7月～8月

エジプト・西アジア原産。
日本にはシルクロードを経由して、
4～6世紀頃に渡来した。
花は、咲き始めの頃は鮮やかな
黄色だが、やがて紅色《べにいろ》に変わる。
この花を紅色の染料の原料にしたことから
この名前が付けられた。
現在では、
染料は化学染料に取って代わられたが、
切り花用として、
また食用油（紅花油）をとるためにも
栽培されている。

❖ 種

この年も
露けく咲かむ
紅花《べにばな》と
掌《てのひら》に白き
種を見てをり

昭和五十四年

ホオズキ（鬼灯）

Physalis alkekengi var. franchetii

科名：ナス科
分類：多年草
花期：6月〜7月

古くは薬用に、
現在は観賞用に栽培される。

名前の由来は、本種の果実を口の中でキュッキュッと鳴らすときに“頬を突く（ホホツク）”からとか、茎に“ホウというカメムシが付く（ツク）”から、という説がある。

花後《かご》、萼《がく》が大きくなって液果を包み込み、熟して赤くなる。

江戸情緒の残る浅草寺では七月にほおずき市が立つ。

詩仙堂丈山寺

クチナシ（梔子）

Gardenia jasminoides

科名：アカネ科
分類：落葉低木
花期：6月〜7月

この変わった名前は、〝口無し〟が語源で、
クチナシの実は
熟しても開かないことに由来している。
静岡県以西の本州、四国、九州、沖縄に分布。
公園樹や庭木として利用されている。
梅雨の頃に
強い芳香のある白い花を咲かせる。
古くから実は黄色の染料とされてきた。
無害なので、天然着色料として
たくあんなどに用いられている。

❖ 常磐松の御所

黄ばみたる
くちなしの落花《らくくわ》
啄《ついば》みて
椋鳥《むくどり》来鳴く
君と住む家

昭和三十四年

※ご結婚当時の歌。

東林院

ナツツバキ（夏椿）

Stewartia pseudo camellia

科名：ツバキ科
分類：落葉高木
花期：6月～7月

ツバキに似た花を夏に咲かせるので、
そのままが名前に。
別名の沙羅《しゃら》の木という名前も
よく使われている。
仏教ではブッダは「沙羅双樹《さらそうじゅ》」という樹の下で
入滅された、とされているのだが、
その樹のことを、よく似ているナツツバキと誤解
（ナツツバキはツバキ科だが、その樹は
フタバガキ科）して、「沙羅の木」と呼ばれている。

ヒマワリ（向日葵）

Helianthus annuus

科名：キク科
分類：一年草
花期：7月〜9月

阪神・淡路大震災が起きた
平成七年夏、神戸市東灘区の
住居跡地にヒマワリが咲いた。
震災で犠牲になった
当時小学六年生のはるかさんが
可愛がっていたハムスターのエサの
ヒマワリの種が生長して
花を咲かせたのである。
平成十七年、
両陛下が被災地を訪問された際、
遺族代表がその種子を両陛下に
お贈りした。
「はるかのひまわり」は、
毎夏、御所の食堂テラス先で
花を咲かせている。

アメリカ中西部原産。十六世紀の初めに、
インカ帝国を滅ぼしたスペイン人によって
ヨーロッパに持ち帰られた。
種子が食用になり、ヨーロッパの
食料危機を救ったこともある。
日本には十七世紀に渡来したとされる。
花が太陽に向かって咲く
といわれているが、実際は、
生長期には太陽に向いて動くが、
花の時期には動かない。

イヌビワ（犬枇杷）

Ficus erecta var. erecta

科名：クワ科
分類：落葉小高木
花期：4月〜5月
果期：10月〜11月

「皇太子、天皇としての長いお務めを
全うされ、やがて85歳におなりの陛下が、
これまでのお疲れをいやされるためにも、
これからの日々を
赤坂の恵まれた自然の中で
お過ごしになれることに、
心の安らぎを覚えています。
しばらく離れていた懐かしい御用地が、
今どのようになっているか。
日本タンポポはどのくらい残っているか、
その増減がいつも気になっている日本蜜蜂は
無事に生息し続けているか等を見廻り、
陛下が関心をお持ちの
狸の好きなイヌビワの木なども
御一緒に植えながら、
残された日々を、静かに心豊かに
過ごしていけるよう願っています」
（平成三十年の『回答全文』より）

コオニユリ（小鬼百合）

Lilium pseudotigrinum

科名：ユリ科
分類：多年草
花期：7月～8月

オニユリとコオニユリの名前に
〝オニ〟が付いているのは、
花が鬼に似て赤っぽくて、草姿《そうし》が大きいから。
オニユリにはムカゴが付くが、
本種には付かない。
本種は全体的に小形なのでコオニユリ。
北海道から九州まで分布し、
山地の草原に自生している。
オニユリは本来、野生種ではないので、
見かけるのは農村・山村の周辺のみ。

永観堂

コムラサキ（小紫）

Callicarpa dichotoma

科名・・シソ科
分類・・落葉低木
花期・・7月〜8月

類似種のムラサキシキブは
樹高が二〜三メートルあるが、
本種は四十〜百二十センチ。
ムラサキシキブよりも小さいのでこの名前に。
ちなみに、ムラサキシキブという名前は、
実が紫色なので、
『源氏物語』の作者・紫式部になぞらえたもの。
本種は実が密集して実るので
園芸種として人気がある。
園芸店ではムラサキシキブの名で
販売されることが多い。

ネムノハナ（合歓の花）

Albizia julibrissin var. julibrissin

科名：マメ科
分類：落葉高木
花期：6月〜7月

ネムノキは
葉を閉じて〝眠る〟（就眠運動）。
古代では「眠る」ことを
「ねぶる」といっていたので
「ねぶ」と呼ばれていた（『万葉集』にも
この名で登場）が、室町時代に
ネムノキという呼び方が定着した。
おしろいや頬紅《ほほべに》をつけるときに使う、
化粧用の牡丹刷毛《ぼたんばけ》を想わせる花が美しい。
花は夕暮れ時に開花し、
夜明けにしぼむ。

❖合歓の花

薩摩《さつま》なる
喜入《きいれ》の坂を
登り来て
合歓《ねむ》の花見し
夏の日想ふ

昭和五十九年

ユウスゲ（夕萱）

Hemerocallis thunbergi

科名：ユリ科
分類：多年草
花期：7月～8月

美智子さまは戦時中の小学生時代に、疎開のため神奈川県藤沢市、群馬県館林市、長野県軽井沢町と転校を繰り返され、軽井沢で終戦を迎えられた。軽井沢に転校されたときに咲いていたのがユウスゲだった。美智子さまはこの花を見られると、戦時中のあの苦しい生活を思い出されるのでしょう。軽井沢の記憶を象徴するものがユウスゲである。

本州、四国、九州の山地・
高原に自生している。
庭にも植えられる。
ユウスゲの〝ユウ〟は夕方に開花し
翌日の午前中に閉じることから。
〝スゲ〟はカンスゲのような大形種の葉と
本種の葉が似ているから。
七月～八月の夕方、
高さ一メートルくらいの花茎の先に、
数個の香りのよい花を咲かせる。
軽井沢や群馬県の榛名山、
長野県霧ヶ峰などで見られる。

❖ 夏近く

かの町の
野にもとめ見し
夕すげの
月の色して
咲きゐたりしが

平成十四年

ヒツジグサ（未草）

Nymphaea tetragona

科名：スイレン科
分類：多年草
花期：6月～9月

日本に自生する
小形の睡蓮《すいれん》のことだが、
未草《ひつじぐさ》という名前を睡蓮の
通称として用いることもある。
ちなみに睡蓮は、
蓮《はす》に似た花が夕方には閉じるので、
「睡る蓮」と見立てられて
名付けられた。
睡蓮と蓮の見分け方は簡単で、
葉と花が、
水面より上に出ていると蓮で、
水面に浮いていると睡蓮。
蓮根《れんこん》は蓮の根のこと。
睡蓮の根は食べられない。

❖ 睡蓮

那須の野の
沼地に咲くを
未草《ひつじぐさ》と
教へ給ひき
かの日恋《こほ》しも

昭和五十四年

マクワウリ（真桑瓜・甜瓜）

Cucumis melo var. makuwa

科名：ウリ科
分類：一年草
花期：7月〜8月

「また赤坂の広い庭のどこかに
よい土地を見つけ、マクワウリを作って
みたいと思っています。
こちらの御所に移居してすぐ、陛下の
御田《おた》の近くに1畳にも満たない
広さの畠があり、そこにマクワウリが
幾つかなっているのを見、
大層懐かしく思いました。
頂いてもよろしいか陛下に伺うと、
大変に真面目なお顔で、これはいけない、
神様に差し上げる物だからと仰せで、
6月の大祓《おおはらい》の日に
用いられることを教えて下さいました。
大変な瓜田《かでん》に踏み入るところでした。
それ以来、いつかあの懐かしいマクワウリを
自分でも作ってみたいと思っていました」
（平成三十年のご回答全文より）

ヤマボウシ（山法師）

Cornus kousa ssp. kousa

科名：ミズキ科
分類：落葉高木
花期：5月〜6月

法師とは、仏教によく通じ、
人々を導く僧侶のこと。
名前に「法師」がついているのは、
本種の花の芯の緑黄色の
小さな丸い花を法師の坊主頭に見立て、
白い総苞《そうほう》を法師が着ける
頭巾《ずきん》に見立てていることから。
「山帽子」とも呼ばれるのは、
花を上から見ると
鍔広《つばひろ》の帽子のように見えるから。
天城山にはこの木が特に多い。

夏木立（なつこだち）

Grove in summer

❖ 木下闇《このしたやみ》

夏木立《こだち》
しげれる道の
下闇《したやみ》に
斑紋《はんもん》白き
蝶ひとつ舞ふ

昭和五十四年

木立は群がって生えている木々のことである。一本の木であれば「夏木」だが、「夏木立」だから、夏になって青葉若葉を茂らせて天に向かって伸びていく木々のことである。

この言葉には夏の季節の中でそびえ立つ木々の、生気盛んな様子がこめられている。

ちなみに、「夏木立」「冬木立」「枯木立」とはいうが、春、秋にはいわない。

下鴨神社（糺の森）

ジュズダマ（数珠玉）

Coix lacryma-jobi

科名：イネ科
分類：多年草
花期：7月～9月

熱帯アジア原産の帰化植物。
湿った草地に自生する。
秋に、壺の形をした実をくるむ
堅い苞鞘《ほうしょう》ができる。
これを数珠玉に見立ててこの名前に。
実際、苞鞘を糸でつないで数珠《じゅず》にしていた。
この丸い実は焼くと食べられる。
イネが登場するまでは、
当時の日本人の大切な食料だった。
仲間のハトムギは、
よく似ているが苞鞘が堅くない。

秋

九〜十一月

初《しょ》秋《しゅう》❖八月八日〜九月七日

仲秋《ちゅうしゅう》❖九月八日〜十月七日

晩《ばん》秋《しゅう》❖十月八日〜十一月七日

オミナエシ(女郎花)

Patrinia scabiosaefolia

科名：オミナエシ科
分類：多年草
花期：8月〜10月

秋の七草の一つ。
秋草の代表として
『枕草子』『源氏物語』『紫式部日記』などにも
登場している。
日本各地の山野に自生している。
茎は直立し、高さは一メートルほど。
八月〜十月、茎の先に、
黄色い小さな花をたくさん咲かせる。
オミナエシ属は世界に十五種あり、
日本にはオミナエシ、オトコエシなど
五種が原生する。

キキョウ（桔梗）

Platycodon grandiflorus

科名・キキョウ科
分類・多年草
花期・7月〜9月

平安時代には数種の和名があったが、ある時期から漢名の〝桔梗〟が急に広がった。
最初は〝きちこう〟と音読みしていたが、やがて〝ききょう〟に変化していった。
山野の日当たりのよい草地などに自生しているが、古くから観賞用、薬用として栽培されてきた。
花期になると、分枝した茎の頂に青紫色の美しい花を咲かせる。

▲廬山寺

クズ（葛の花）

Pueraria lobata

科名：マメ科
分類：蔓性多年草
花期：7月～9月

日本各地に広く分布。
山野や道端、
草やぶ、土手などで繁茂している。
この草の根を乾燥させて
煎じたものが葛根湯《かっこんとう》で、
風邪薬としてよく知られている。
名前の由来は、
くず粉が奈良県の吉野の国栖《くず》の名産で
あったことから。
夏から秋にかけて
十五～二十センチの穂状《すいじょう》花房《かぼう》を立て、
蝶形で赤紫の花を密につける。
秋の七草の一つ。

葛の花

くずの花
葉かげに咲きて
夏たくる
日日臥《こや》ります
母宮癒《い》え給へ

昭和五十二年

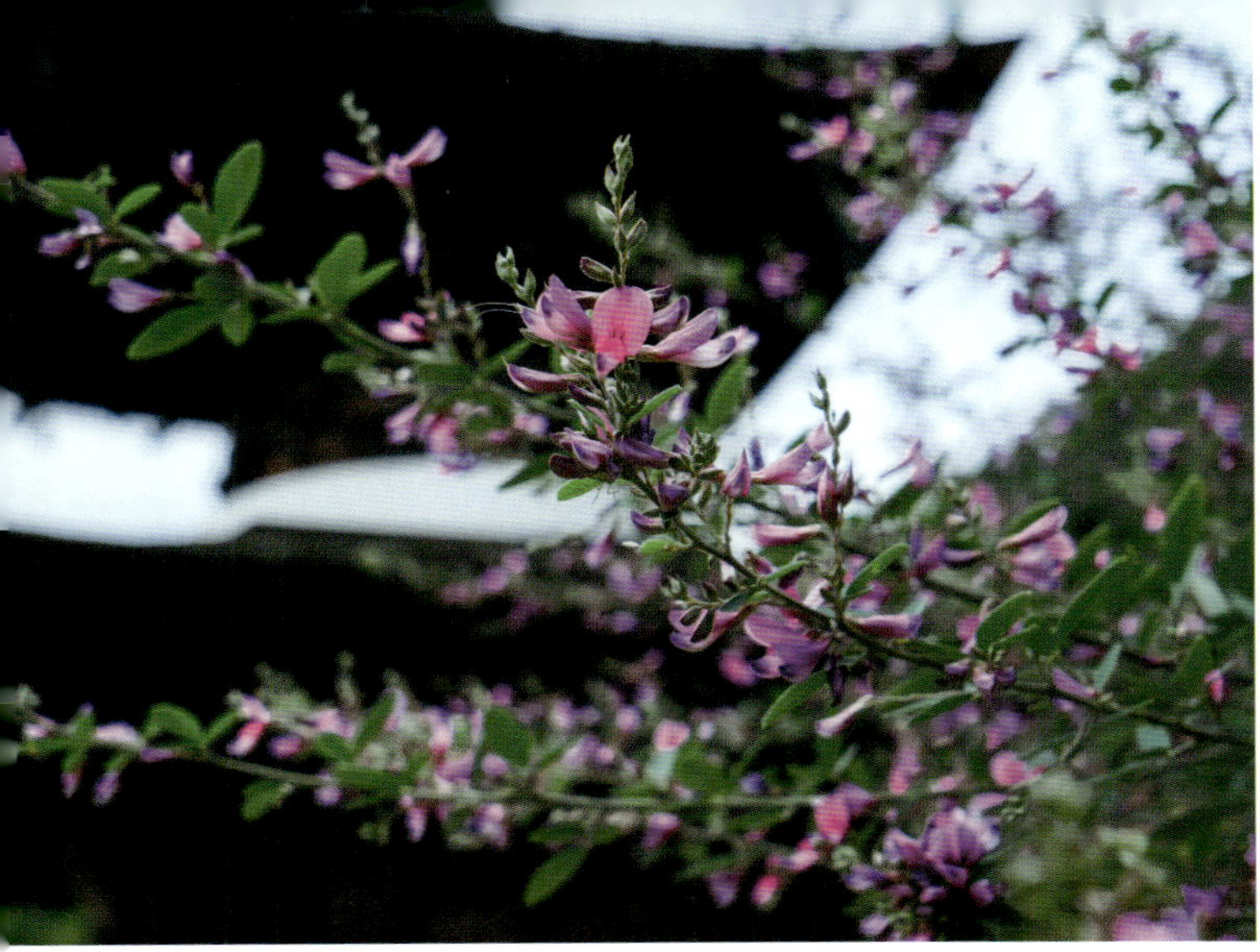

常寂光寺

ハギ（萩）

Lespedeza bicolor

科名：マメ科
分類：落葉低木
花期：8月～10月

古くから日本人に愛されてきた花。
『万葉集』では、花を詠んだ歌のなかで、
ハギを詠んだ歌がもっとも多い。
秋の七草の一つなので、
一般には「草」と見なされているが、
茎が木質化するため、
ヤマハギ、マルバハギ、キハギなどは
落葉低木に分類されている。
日本人がハギを
秋の植物の代表とみなす伝統は、
「秋」が含まれる「萩」の字の使用に残る。

萩

遊びつかれ
帰り来《こ》し子の
うなゐ髪《がみ》
萩の小花の
そこここに散る

昭和四十五年

ハマギク（浜菊）

Chrysanthemum nipponicum

科名：キク科
分類：多年草
花期：9月～11月

茨城から青森までの太平洋沿岸の海岸、
浜辺の岩場や崖に分布。
内陸部には自生せず
海岸に自生しているので
「浜菊」の名前がつけられた。
野生菊のなかでは
花の大きさが最大で美しい。
丈夫で栽培しやすいので、
江戸時代から観賞用として
庭や鉢に植えられてきた。
仲間のコハマギク（小浜菊）は
根室から関東北部の太平洋岸に
分布している。

菊

わが君の
いと愛《め》でたまふ
浜菊《はまぎく》の
そこのみ白く
夕闇《ゆふやみ》に咲く

平成三年

＊三陸海岸に咲くハマギクと
岩手県大槌町のホテルにまつわる、
よく知られたエピソードがあります。
この話については、
本書の監修者である渡邉みどりさんの
特別寄稿「そこのみ白く夕闇に咲く」を
お読みください。
（126～129ページ）

ザクロ（石榴）

Punica granatum

科名：ミソハギ科
分類：落葉小高木
花期：6月～8月

原産地の西南アジアから
インド、中国、朝鮮を経て、
平安時代に伝来した。
秋の透明な光と空気の中で
熟した実が裂開し、
ルビーのような赤い種子が顔を出す。
種子は食べると甘酸っぱい。
樹高は五～六メートルになる。
原産地では今日まで
果樹として栽培されているが、
日本では新芽や花や実が美しい
観賞用樹木として
多くの品種がつくられている。

石榴

カルタゴの
遺跡出土《しゅつど》の
女神像
種子《たね》あまたなる
ざくろを捧ぐ

昭和四十七年

慈受院門跡

モクセイ（木犀）

Osmanthus fragrans

科名：モクセイ科
分類：常緑小高木
花期：10月

木犀の「犀」は
動物のサイと同じ字である。
この木の幹は灰色で、
幹の樹皮の紋理（表面にある
模様やすじ）が
サイの皮に似ていることから
この漢字が使われている。
中国原産。江戸時代に渡来。
古くから庭木として栽培されている。
よく知られているキンモクセイは
花色が橙黄色で、
ギンモクセイは白色である。
両方ともモクセイと呼ぶ。

❖木犀

木犀《もくせい》の
花咲きにけり
この年の
東京の空
さやかに澄みて

昭和六十年

コスモス（秋桜）

Cosmos bipinnatus

科名：キク科
分類：一年草
花期：8月〜10月

メキシコ原産。十八世紀末にメキシコからマドリッドへ送られ、マドリッドの植物園で「コスモス」と名付けられた。

コスモスはギリシャ語で「美麗、調和、善行、宇宙」を意味し、この花の魅力・美しさにちなむ名前である。

日本へは明治初期に渡来し、短期間に根付いた。外国産だが、今では日本の秋の代表的な花である。

❖国民体育大会

コスモスの
咲きゐる道を
通り来し
炬火《きよくわ》ならむ
いま会場に入《い》る

福島県　平成七年

フシグロセンノウ（節黒仙翁）

Lychnis miqueliana

科名：ナデシコ科
分類：多年草
花期：8月～10月

本種と同じナデシコ科のなかの、マンテマ属にフシグロという草がある。茎から葉や枝が出ている部分に節があり、その節の上下が黒くなっており、〝節が黒い〟で「フシグロ」。本種も茎の節あたりが少し黒くなっているので、名前の前半が「フシグロ」。後半の「センノウ」は京都市嵯峨の仙翁《せんのう》寺に植栽されていた仙翁花《せんのうげ》に似た花だから。

ヒガンバナ（彼岸花）

Lycoris radiata

科名：ヒガンバナ科
分類：多年草
花期：9月〜10月

別名の曼珠沙華《まんじゅしゃげ》は、『法華経《ほけきょう》』に出てくる梵語《ぼんご》で、赤い花を意味するといわれている。秋の彼岸の頃（秋分の日の前後七日間）に咲くのでこの名前に。

墓地や田のあぜ、土手などに自生。古くから日本人の暮らしに関わりの深い花である。

花期に、唐突に花茎を一本立て、花を群がり咲かせる。花が終わってから葉を多数出すが、翌春に枯れる。

❖ 彼岸花

彼岸花
咲ける間《あはひ》の
道をゆく
行《ゆ》き極《きは》まれば
母に会ふらし

平成八年

ハギ（萩）

Lespedeza

科名：マメ科

分類：落葉低木

花期：8月〜10月

オバナ（尾花）

Miscanthus sinensis

科名：イネ科
分類：多年草
花期：8月～10月

ススキのことである。
秋の七草の一つ。
尾花という名前の由来は、
花穂が獣の尾に似ているから。
秋の夕陽の中、
穂の色が薄紅から銀、
にび色に変わる様は
荘厳な趣がある。
『万葉集』には、
ススキの名前で
詠われているのが十八首、
オバナの名前で十八首、
カヤの名前で十首あるので、
当時、すでに三種類の名前が
使われていたことが推測できる。

尾花

秋づけば
目もはるかなる
高原《たかはら》に
尾花《をばな》は紅《あか》き
穂群《ほむら》をなせり

昭和四十九年

ヨシ（葭）

Phragmites communis

科名：イネ科
分類：多年草
花期：8月〜10月

葭、葦、蘆、
この三つの漢字はすべて、
アシと読み、ヨシとも読む。
昔の日本は河川、湖沼が多く、
そこにはアシが繁っていた。
そのため〝豊葦原瑞穂《とよあしはらみずほ》の国〟という
わが国の美称《びしょう》ができた。
『万葉集』の多くの歌の中に
アシが登場している。
後世、アシは〝悪し〟に通じるので
ヨシと呼ばれるようになった。
葭の苗は十一月頃に植え付けする。

滋賀県　豊かな海づくり大会

手渡しし
葭《よし》の苗束
若人《わかうど》の
腕に抱《いだ》かれ
湖《うみ》渡りゆく

平成十九年

冬

十二～二月

初冬《しょとう》❖十一月八日～十二月六日
仲冬《ちゅうとう》❖十二月七日～一月五日
晩《ばん》冬《とう》❖一月六日～二月三日

ヒイラギ（柊）

Osmanthus ilicifolius

科名：モクセイ科
分類：常緑小高木
花期：11月～12月

疼痛《とうつう》はズキズキ痛むこと。
疼《ひいら》ぐはヒリヒリと痛むこと。
ヒイラギの漢字（国字）は木偏《きへん》に
冬と書くが、正しくは「疼木」。
ではヒイラギに
なぜ痛むことを意味する
「疼」という漢字が使われているのか。
それは、この木の葉の鋸歯《きょし》が
鋭い刺《とげ》になっていて、
触れると痛みを感じるからである。
古語でひりひり痛むことを
〝ひひらぐ〟という。

柊

柊《ひひらぎ》の
老いし一木《ひとき》は
刺《とげ》のなき
全縁《ぜんえん》の葉と
なりたるあはれ

昭和五十五年

建仁寺

チャノハナ（茶の花）

Thea sinensis

科名：ツバキ科
分類：常緑低木
花期：10月～11月

中国の雲南《うんなん》地方が原産。
チャは中国の〝茶〟を音読みしたもの。
飛鳥時代から奈良時代に
遣隋使や遣唐使によって渡来し、
鎌倉時代の禅僧によって喫茶が定着した。
花期は晩秋から初冬で、
白色五弁のふっくらとした小花を開く。
多数の金色の蕊《しべ》がこの花の特徴。
椿、山茶花《さざんか》と同類だが、
それほど華やかではない花の感じが
茶人たちに好まれた。

冬靄

冬靄《ふゆもや》の
中を静かに
咲くならむ
佐賀の茶園《ちやゑん》の
白き花顕《た》つ

昭和五十一年

サザンカ（山茶花）

Camellia sasanqua

科名：ツバキ科
分類：常緑高木
花期：10月～12月

ツバキの漢名「山茶《さんさ》」から「山茶花」に。
最初の頃は「さんざか」と読んでいた。
童謡「たきび」（巽聖歌作詞、渡辺茂作曲）の
「さざんか　さざんか　さいたみち
たきびだ　たきびだ　おちばたき」でも
歌われているように、
この花は、花の少ない時期の
冬の庭や街路を明るくしている。
ツバキは花一輪ごと落花するが、
サザンカは一輪の花が
ばらばらに散って落ちる。

◆焚火
巽聖歌氏をいたみて

山茶花《さざんくわ》の
咲ける小道の
落葉《おちば》焚き
童謡とせし
人の今亡く

昭和四十八年

カンツバキ（寒椿）

Camellia sasanqua 'shishigashira'

科名…ツバキ科
分類…常緑高木
花期…12月～2月

冬の間に花をつける早咲きツバキをカンツバキと総称している（ふつうの開花は三月頃）。なお、冬の間中、八重の紅色の花を咲かせるツバキもカンツバキと呼ばれているが、この種は、サザンカを母種とする交雑種《こうざつしゅ》とされ、狭義のツバキには含まれない。ちなみにツバキとサザンカは葉裏の透けで見分けられる。透けるとツバキである。

寒椿

いてつける
水のほとりの
寒椿《かんつばき》
花のゆれつつ
白鷺《しらさぎ》のたつ

昭和五十七年

スイセン（水仙）

Narcissus

科名：ヒガンバナ科
分類：多年草
花期：12月〜4月

一月中旬から二月にかけて、
御所の食堂近くから
大池に向かう小道沿いに
ニホンスイセン（地中海沿岸地域の
原産で古くに渡来し自生したものを
ニホンスイセンと呼ぶ）が咲く。
阪神・淡路大震災から二週間後、
両陛下は被災地をお見舞いされた。
その際に、被害跡の生々しい
神戸市長田区の菅原市場を訪れられ、
焼け落ちた瓦礫の上に、
皇后陛下のお手で、
スイセン十七本を献花された。
皇居からはるばるお運びになった
スイセンである。

ハボタン（葉牡丹）

Brassica oleracea var. acephala

科名：アブラナ科
分類：多年草
花期：4月

花のない冬の街で、
花と見紛うばかりに色づいて花壇を彩る。
名前に「牡丹」が付いているが
花ではなくてキャベツの変種である。
ヨーロッパ原産。江戸時代の中期に
渡来したようだ。緑色だった葉が
色づき始めるのは十一月上旬頃。
葉が赤くなったものを赤牡丹、
クリーム色になったものを白牡丹と呼ぶ。
四月頃、菜の花に似た花を付ける。

❖——のどか

湘南に
遊ぶひと日の
のどかにて
菜も葉ぼたんも
丈《たけ》高く咲く

昭和五十六年

センリョウ（千両）

Chloranthus glaber

科名：センリョウ科
分類：常緑小低木
花期：6月〜7月
果期：12月〜3月

アリドオシを一両、
ヤブコウジを十両、
カラタチバナを百両といい、
この千両があり、万両まである。
千両は百両のカラタチバナよりも
大きく実もたくさん付けるからこの名に。
万両は千両よりも実が大粒、鈍色で
重々しくて千両に勝るため。
千両と万両の見分け方は、
実が葉の上に付いていると千両で、
葉の下で垂れていると万両。

マンリョウ（万両）

Ardisia crenata

科名：サクラソウ科
分類：常緑低木
花期：7月～8月
果期：11月～12月

関東以西に分布。
暖地の木陰などに自生する。
茶庭などで観賞用に栽培もされている。
樹高はだいたい六十～九十センチだが、
二メートルに及ぶものも。
七月頃に小枝の先に
白い小さな花を咲かせ、
花後に青い球果が生り、冬に熟して、
つややかな美しい赤い実になる。
彩りの乏しい冬季では赤い実は目立ち、
野鳥たちがついばみにくる。

園のバラ（薔薇）

Rosa Garden

科名：バラ科
分類：常緑低木
花期：4月〜5月、9月〜10月

「皇后さまは高齢になり
時に心が弱まることもある中、
ある日の夕方、
御所のバラ園の花が寂光に照らされて
一輪一輪浮かびあがるように
美しく咲いている様子をご覧になりました。
その時に深い平安につつまれ
今しばらく自分の残された日々を
大切にしていこうと思った
静かな喜びの気持ちを歌にされました」
＊二〇一九年一月十六日
『歌会始』ＮＨＫ総合テレビ生中継時のナレーション。

＊薔薇の花期は
冬季ではありませんが、
この御歌が披露されたのが
平成三十一年一月十六日の「歌会始」であり、
歌の内容からして、
本書の写真ページの
最後をしめくくるのはこの御歌が
いちばんふさわしいと思え、
園の薔薇をこのページで
紹介させていただきました。

❖光

今しばし
生きなむと思ふ
寂光に
園《その》の薔薇《さうび》の
みな美しく

平成三十一年

◀京都府立植物園

テキーラ

【特別寄稿】

そこのみ白く夕闇に咲く

渡邉みどり

東京都品川区東五反田五丁目。元正田邸は現在、区に寄付され「ねむの木の庭」という公園になっている。公園の真ん中にはプリンセス・ミチコなどさまざまな草木が彩るのだが、見逃してしまいそうな裏門出口に、とある石像が立っている。そこには平成3年の月次詠進歌で美智子さまがお読みになった御歌が彫られている。

『菊』
わが君のいと愛でたまふ浜菊のそこのみ白く夕闇に咲く

21年前の平成9年10月5日、今上陛下と皇后美智子さまは皇室三大行幸啓のひとつ、第17回全国豊かな海づくり大会で岩手県大槌《おおつち》町を訪れた。大槌は暖流と寒流が交わる世界有数の漁場で、陸中海岸国立公園の中央に位置する。稚魚を放流するなどおめでたい行事に参加された両陛下は、「波板観光ホテル」の5階に1泊なさった。

翌朝、浜に出られた両陛下はリアス式海岸独特の片寄せ波をご覧になった。その際に、岩場に咲いた純白の浜菊を陛下がお気に召され、ホテルの経営者から浜菊の種を皇居に取り寄せられた。大切に育てられた浜菊は現在でも御所の玄関の南車寄近くで真っ白な花を咲かせている。浜菊は白い花で花芯は黄色く、西洋で言うとマーガレットに似ている。

大槌町は平成23年3月11日の東日本大震災で莫大な被害を被った。この年、両陛下は7週連続で被災地を訪問され、美智子さまは病中の陛下を支えながら想像を絶する過密スケジュールをこなされた。おふたりは自衛隊のヘリコプターで北上山地を横切り、津波の災害を受けた三陸海岸をご覧になって、かつて全国豊かな海づくり大会で訪問された大槌町に入られた。

海岸から直線距離で約３００メートルの大槌町役場では、１５０人が亡くなった。津波が来たとき、役場の職員は野外で会議をしており、町長も町役場も22メートルもの大津波に飲み込まれてしまった。

かつて両陛下がお泊まりになった5階建ての波板観光ホテルは3階まで浸水し、そのホテルの経営者も津波で行方不明になるという大惨事に見舞われた。跡形もなくなった悲惨な現場を前に、美智子さまは「私たちが泊まった場所は」とお聞きになり、大変心を痛めたご様子であった。

この日、釜石市の避難所では余震があった。ガンと響く大音響に直前まで美智子さまと言葉を交わしていた年配の女性は思わず美智子さまの手を握った。

美智子さまは「落ち着いてくださいい。こうした余震は今でもあるのですね、怖いでしょう」とお労《ねぎら》いになり、「大丈夫ですよ」と励まされた。

多くの市民が陛下と美智子さまをお迎えした。おふたりは歩みを止めたり窓をお開けになったりしながら被災地の人々を激励なさった。

「元気をいただきました、ありがとうございます」と涙を流す人もいた。

同年夏、秋篠宮一家が大槌町を訪問した。秋篠宮は有栖川流の書道の継承者。町民に求められて仕事用の小型トラックの後に「希望」とお書きになった。のちに美智子さまが大槌町を訪れになったときも、そのトラックが元気に走り回っていたという。

眞子さまは被災地に残ってひと夏をボランティアをして過ごされた。

「〝まこしー〟って呼んで」と、眞子さまは地元の子どもに優しく語りかけたという。ひと夏のボランティアを終え、10月16日「ご成年をお迎えになるにあたっての記者会見」に臨まれた眞子さまのお顔は日焼けされていた。そして、「メディアの報道を通して、震災の状況について理解したように思っておりましたけれども、実際に行ってみないとわからないことがあると実感しました」と述べられた。

波板観光ホテルはしばらく営業を停止していたが、とある写真がきっかけで営業を再開した。そのきっかけとなったのは、平成23年10月20日、77歳の誕生日に皇后美智子さまが南車寄せに咲く浜菊の前に佇んでおられる写真だった。

浜菊の花言葉は「逆境に立ち向かう」。花言葉にふさわしく、写真に写る大槌町の浜菊は大地にしっかり根を張ってけなげに咲いていた。

この写真を見た、かつての波板観光ホテル経営者の弟は、何かのメッセージを感じ取ったのだろうか。両陛下に背中を押されるようにホテルを再開させた。現在は「三陸花ホテル　はまぎく」と名を変えて兄の思いを継いでいる。

両陛下は常に大槌町のことを心にかけておられ、平成28年8月8日に生前退位の希望を陛下がにじませたあと、9月末にも再訪した。このとき、大槌町で両陛下がお泊まりになったのは、21年前にも泊まり、浜菊の種を譲り受け、営業を再開したかつての波板観光ホテルだった。

静かに国民を見守る両陛下がおいでになる。声を立てず国民に寄り添うおふたりを思うとき、日本人に生まれてよかったと思う。

提供：朝日新聞社

皇后美智子さまのご回答全文

皇后美智子さまのお誕生日に際し、宮内記者会の質問に対する文書ご回答

❖――平成三年

問1　アセアン3か国ご訪問や石川県、福井県へのお出ましなど、お忙しくお過ごしですが、ご体調はいかがですか。

皇后陛下　ありがとう。帰国後の日々も、元気に過ごしています。

問2　お孫さんをもたれるお気持ちは、また、秋篠宮妃殿下のご出産を控えて何かアドヴァイスをなさっていますか。

皇后陛下　ただただ楽しみで…。

折々に訪れて下さるので、元気な様子が分かり安心しています。特に何をお教えしたというようなことは何もなく、ただ健かに母となる日を迎えられることを願って、今日《こんにち》こんにちまでまいりました。

問3　この一年を振り返ってのご感想をお聞かせ下さい。

皇后陛下　即位礼、大嘗祭、それに続く伊勢、奈良、京都への御奉告の旅、立太子礼、アセアン3か国と国内3県行幸のお供等、お行事の多い一年でした。その全てを今感慨深く思い返しています。

❖――平成四年

問1

（イ）お誕生日を迎えるにあたってのご感想をお聞かせ下さい。

（ロ）この一年で印象深かったこと何ですか。

（ハ）ご体調はいかがですか。

皇后陛下

（イ）健康で、この一年を過ごせたことを感謝しています。

（ロ）緒方貞子さんの難民高等弁務官のお仕事。オリンピックの競技と、閉会式で弾かれた「鳥の歌」。スペースシャトルと地上班との間で、お互いに名前を呼び合いながら、交わされた宇宙実験中の会話。

（ハ）少し風邪をひきましたが、じきによくなることと思います。

問2　山形の発煙筒事件でとっさに右手を出された時のお気持ちをお聞かせ下さい。

皇后陛下

問3

（イ）お子様達（皇太子殿下・紀宮殿下）の結婚について、どう考えていらっしゃいますか。

(ロ)何かアドバイスをなさっていますか。

皇后陛下

(イ)幸せな結婚を願っています。

(ロ)アドヴァイスという程のことはしておりませんが、どのような形ででも、子供達の役に立てることがあれば、うれしく思います。

❖——平成五年

問1　この1年を振り返られて、特に印象深かったことをお聞かせください。また、現在特に興味をもたれていることや、これから新たにやってみたいと思われることがあれば教えてください。

皇后陛下

1. 伊勢神宮御遷宮
2. 自然災害、天候の不順、その結果人々の苦しみの多い年であったことを悲しく思います。
3. 皇太子の結婚
4. 日本各地の手すき和紙350種類を二巻に収めた「平成の紙譜」の出版

問2　皇太子さまのご結婚から4か月たちましたが、お二人の公務や生活ぶりをみてどう思われますか。また、雅子さまに皇太子妃の先輩として心得や作法などアドバイスされたことはありますか。

皇后陛下　先の記者会見で陛下が同様の質問へのお答えをお控えになりましたので答えを控えます。

問3　紀宮さまの将来について、どのような家庭を築くことを希望されますか。

皇后陛下　今の段階ではまだ、特には。

問4　最近目立っている皇室批判記事についてどう思われますか。

皇后陛下　どのような批判も、自分を省みるよすがとして耳を傾けねばと思います。今までに私の配慮が充分でなかったり、どのようなことでも、私の言葉が人を傷つけておりましたら、許して頂きたいと思います。

しかし事実でない報道には、大きな悲しみと戸惑いを覚えます。批判の許されない社会であってはなりませんが、事実に基づかない批判が、繰り返し許される社会であって欲しくはありません。幾つかの事例についてだけでも、関係者の説明がなされ、人々の納得を得られれば幸せに思います。

問5　訪欧前に記者会見は国民と気持ちを通わせる機会とおっしゃっていましたが、記者会見についてのお考えをさらに詳しく聞かせてください。

(日を改めて。)

❖――平成六年

問1　皇室に入られて35年間で感激されたこと、苦労されたことを含み、60年の人生を振り返りつつ還暦をお迎えになった感想をお聞かせください。

皇后陛下　還暦を迎え、私を生かしてくれた遠い日の両親を思うと共に、今日まで私を導き、助け、支えて下さった多くの方々の上に思いをめぐらせています。60年の間には、様々なことがありましたが、特に疎開先で過ごした戦争末期の日々のことは、とりわけ深い印象として心に残っています。当時私はまだ子供でしたが、その後、年令を増すごとに、その時々の自分の年令で戦時下を過ごした人々のことを思わずにはいられません。戦後の社会を担った私共の先人が、戦争で失われた人々の志も共に抱いて働いた中で、奇蹟といわれる日本の戦後の復興があり得たのではないかと考えています。

結婚は私の生活を大きく変えましたが、陛下は寛いお心で、ありのままの私を受け入れ、今日に至るまでゆっくりと導き続けて下さいました。また、昭和天皇、皇太后様がお見守り下さる中で、三人の子供たちが育った日々のことは、私の大切な思い出となっています。御所の生活を整ったものとし、公務のなかで子供を育てることも、人々の協力なしには出来ないことでした。私の務めを、人々陰で静かに支えてくれた人々を、今、懐かしく思い出しています。いたらぬことが多ございましたが、これまで多くの方々が寄せて下さったお気持ちに支えられ、この日に至れたことを感謝し、陛下のお側で、また明日からの務めを果たしていきたいと思います。

問2　昨年お倒れになってから一年が経ちました。この一年間は二回の海外訪問など多忙な日々でしたが、この一年間を振り返っての感想をお聞かせください。

皇后陛下　この一年で特に印象に残っていること

1. 南アフリカのアパルトヘイト終焉
2. 硫黄島、父島、母島訪問
3. 夏の酷暑と渇水

問3　皇后さまが入られて35年間で皇室もずいぶんと変わりました。「皇后さまが陛下とお二人で新しい風を吹き込まれた」という意見も聞かれますが、いかがお考えですか。皇后さまが目指される皇室像を含めてお聞かせください。

皇后陛下　皇室も時代と共に存在し、各時代、伝統を継承しつつも変化しつつ、今日に至っていると思います。この変化の尺度を量れるのは、皇位の継承に連なる方であり、配偶者や家族であってはならないと考えています。

伝統がそれぞれの時代に息づいて存在し続けるよう、各時代の天皇が願われ、御心をくだいていらしたのではないでしょうか。きっと、どの時代にも新しい風があり、また、どの時代の新　しい風も、それに先立つ時代なしには生まれ得なかったのではないかと感じています。

〈皇室観について〉

私の目指す皇室観というものはありません。ただ、陛下のお側にあって、全てを善かれと祈り続ける者でありたいと願っています。

問4　最近の関心事は何ですか。また、これからの人生をどのようにお過ごしになりたいですか。

皇后陛下　陛下と皇太后様が、末長くご健康でいらして頂きたいと思います。

〈これからの生き方について〉

だんだんと年を加えていくことに、少し心細さを感じますが、身に起こること、身のほとりに起こることを、出来るだけ静かに受け入れていけるようでありたいと願っています。

問5　紀宮さまのご結婚についてどのようにお考えですか。皇后さまのお考えになる家族観と合わせてお聞かせください。

皇后陛下　本人の気持ちを大切にし、静かに見守っていきたいと思います。紀宮がいてくれたことは、私共一家にとり、幸せでした。今、家族皆が、紀宮の将来が幸せであってほしいと願っています。

家族観という程のものは持ちませんが、私の家庭に対する考え方は、恐らく以前、結婚25周年の記者会見でお答えしたことと変わっていないと思います。

《侍従職註》

昭和59年のご結婚25周年記者会見
（「家庭づくりの基本的な考え方を……」との質問に対してのお答え）

皇后陛下　基本的な考え方というようなしっかりしたものはあまりございませんでした。ただ、私自身おそばにあがらせていただいた時から、ずっと東宮様にすべて受け入れていただき、やすらいだ気持ちの中で導かれ、育てていただいたという気持ちが強いものでございますから、そうした幸せな経験を今度は子供達の上に生かしていきたいとずっと願い続けてまいりました。その人が、仮に一時それにふさわしくなくても、受け入れるところが家庭なのではないかと思います。

❖――平成七年

問1　昨年のお誕生日以来、この1年は大きな出来事が相次ぎました。印象に残っている事柄をお聞かせ下さい。また、皇后さまは天皇家の「妻」、「母」、「祖母」の三つの立場を務められていますが、

家庭や家族の面からも併せて、この1年の印象深い出来事をお聞かせ下さい。

皇后陛下

- 阪神・淡路大震災
- サリン事件等による社会不安
- 雲仙の火山活動の沈静化と復興活動の開始
- 終戦50年
- 秩父宮妃殿下の薨去

問2　今年は戦後50年の節目の年ですが、特別に考えたことはございますか。夏に行われた「慰霊の旅」の感想と併せてお聞かせ下さい。

皇后陛下　慰霊の旅では、戦争の被害の最も大きかった4地域を訪れましたが、この訪問に重ね、戦争で亡くなった全ての人々の鎮魂を祈りました。

　戦争により、非命に倒れた人々、遺族として長い悲しみをよぎなくされた人々、更に戦争という状況の中で、運命をたがえた多くの人々の上を思い、平和への思いを新たにいたしました。

問3　1月の阪神・淡路大震災では大きな犠牲が出ました。天皇、皇后両陛下をはじめ皇族方が現地にお見舞に出掛けられましたが、震災後約9か月を経た現在、被災者への思い、復興への思いをお聞かせ下さい。

皇后陛下　言語に絶する災害の場で、被災者により示された健気な対応と相互への思いやりに、深く心を打たれました。今でも一人一人が多くを耐えつつ、生活しておられることと察します。時をかけて、被災者の心の傷が少しずつ癒されていくことを願いつつ、被災地のこれからの状況に心を寄せ続けていきたいと思います。被災者一人一人がくれぐれも体を大切にされ、明るい復興の日を迎えられることを祈念いたします。

問4　阪神・淡路大震災、オウム真理教事件など国民を不安に陥れる災害や事件が続きましたが、こうした世の中で皇室が存在する意義や役割についてどのようにお考えですか。

皇后陛下　人の一生と同じく、国の歴史にも喜びの時、苦しみの時があり、そのいずれの時にも国民と共にあることが、陛下の御旨《みむね》であると思います。陛下が、こうした起伏のある国の過去と現在をお身に負われ、象徴としての日々を生きていらっしゃること、その日々の中で、絶えずご自身の在り方を顧みられつつ、国民の叡智がよき判断を下し、国民の意志がよきことを志向するよう祈り続けていらっしゃることが、皇室存在の意義、役割を示しているのではないかと考えます。

問5　皇后さま、皇太子妃雅子さまをはじめ、女性皇族の声が国民に届きにくいように感じられま

すが、女性皇族としての役割をどのように考えていますか。男女平等の観点から女性が皇位につけるように「皇室典範」を改定すべきとの論議がありますが、女性が皇位につくことについて、どのようにお考えですか。

皇后陛下　国の象徴でおありになる天皇陛下に連なる者として、常に身を謹み、行事、祭祀等、皇室の伝統を守りつつ、その時代の社会に内在する皇室の一員として、社会の要請に応え、課せられた務めを果たしていくこと。（一般論としてではなく、私の感じて来た範囲内でお答えいたしました。）

皇室典範の改定の問題は、国会の決定に俟つべきものと思います。

問6　紀宮さまのご結婚について、お相手にはどのような職業、性格の方がふさわしいと思われますか。皇后さまから手料理や生活の知恵など、助言されていることがありましたらお聞かせ下さい。

皇后陛下　全て紀宮の判断にまかせたいと思います。

日常生活については、折々に話し合い、教えたり教わったりいたします。

❖——平成八年

問1

（イ）この1年を振り返って、うれしかったこと、また悲しかったことなど印象深かった出来事は何でしょうか。

（ロ）また、これからの一年をどのようにお過ごしになりたいかお聞かせください。

皇后陛下

（イ）北海道のトンネル事故、血液製剤の問題、O157等、生活の安全性につき案じられることの多い一年でした。うれしいニュースは、雲仙の火山活動の停止が宣言されたことと、阪神の高速道路が復旧したこと。大災害の復興期に力尽きそうになる人々が、どうか、地域やボランティアの連帯の中で支えられていくよう願っています。

オリンピックの女子マラソンは素晴らしい試合でした。競技を終えた有森選手、ロバ選手に、それぞれのお母様が語りかけられた「よく帰ってきたね」「強くて美しい子」という言葉が、深く印象に残りました。

（ロ）これからの一年も、今までと変わりなく、人々のしあわせを願いつつ過ごしていきたいと思います。

問2（イ）紀宮さまは、昨年のブラジルに続き、今年はブルガリア、チェコを公式訪問されるなど、国内外で幅広く活動されています。このような紀宮さまの活躍ぶりをどのようにご覧になっているのでしょうか。

（ロ）紀宮さまは、先日の東欧訪問にあたっての会見で「内親王である期間を実り多いものにしたい」と述べられました。皇后さまは、紀宮さまの将来についてどのような期待を寄せられているのかあわせてお聞かせ下さい。

皇后陛下

（イ）昨年は戦後50年ということで陛下が、又、今年は大震災の翌年ということで陛下と東宮様が、共に外国の訪問をお控えになり、紀宮も、他の宮様方とご一緒に海外での大切なお役目を頂きました。この一両年、この海外での役目と国内での仕事を、紀宮が精一杯に果たしたことを嬉しく思っております。

（ロ）昭和52年の記者会見で、紀宮の将来についての質問を受け、内親王として充実した生活を送り、社会に巣立つようにとの願いをお話いたしました。今もこの気持ちに変わりはありません。紀宮は私共の家庭にたくさんの喜びをもたらしてくれました。紀宮の将来がしあわせであるよう心から祈っています。

問3　昨年、今年と二年続けて、両陛下の外国訪問がなかったため、皇后さまが記者会見の場で肉声で語られることがないという残念なこととなりました。今回の会見以降、皇后さまの肉声を聞く機会がない状態が続くことも考えられます。立ち返って考えてみますと、皇后さまは、これまでお誕生日のご会見をされてきていませんでしたが、これはなぜでしょうか、今後もこのような機会を設けていただくわけにはいかないのでしょうか。

皇后陛下　先に触れましたように、昨年と今年は特別の状況下で外国訪問をいたしませんでした。来年はすでにブラジル訪問の予定が立てられており、その折には必ず会見をいたします。

問4　英国の報道機関の調査では、次代も王制の存続を求める国民は半数に満たなかったとのことです。そうした状況を受け、英国王室は王族範囲の縮小や王室費の削減などの抜本的改革を検討していると伝えられています。もちろん、英国には英国の歴史的背景や事情などがあり、日本の皇室と安易に比較はできませんが、日本でも若い世代を中心に皇室への無関心層が増えているように思います。皇后さまは、今後、皇室と国民の絆を強めるためにどのような努力が必要だとお考えでしょうか。

皇后陛下　常に国民の関心の対象となっているというよりも、国の大切な折々にこの国に皇室があって良かった、と、国民が心から安堵し喜ぶことの出来る皇室でありたいと思っています。

国民の関心の有無ということも、決して無視してはならないことと思いますが、皇室としての努力は、自分たちの日々の在り方や仕事により、国民に信頼される皇室の維持のために払われねばならないと考えます。

問5　皇太子さま、秋篠宮さまも年々ご公務が増え、それに伴う責任も増しつつあるように拝見します。また、今年は秋篠宮家の長女、眞子さまが学習院幼稚園に入園されました。お子さまや眞子さま、佳子さまの活躍ぶりや成長ぶりについて、皇后さまはどのようにご覧になっているのかお聞かせください。

皇后陛下　子供たちには、それぞれの立場と年令に応じ、又、一人一人がもっている特性を生かし、なすべき務めを果たしていってほしいと願います。子供たち、又、その配偶の人たちが、皆一生懸命に陛下や私を助けようとしてくれていることを、いつも嬉しく思っています。幼い人たちも、両親や周りの人々に温かく見守られ、健やかに育っており、有難いことと思います。

問6

（イ）天皇陛下と皇后さまは、ご一緒にテニスや卓球などの運動をされ、健康維持に努めているように拝見しますが、そのほか、健康管理の面で何か行っていることがあればお聞かせください。

（ロ）また、今年6月、天皇陛下が前庭神経炎によるめまいのため、公務を変更してしばらくの間ご静養されました。そのご病気以降、陛下の健康面で皇后さまが何か配慮されていることがあればお聞かせください。

皇后陛下

（イ）卓球は今年2回、蓮池の参集所に台を置いて陛下に教えて頂きました、テニスは、体力的にだんだんきつくなってきましたが、もう少し続けていきたいと思います。特に健康管理という程のことは何もしておりませんが、早朝に30分程御所の近くを歩きます。恵まれた環境でほぼ毎日土の道を歩いています。

（ロ）陛下のお病気の時は本当に心配でございました。

先帝陛下の崩御以来、御大喪、御即位、大嘗祭と重いお行事が続き、その後お休みをおとりになる間もなく、多事な御日常が始まり、8年の年月が過ぎました。どこかにお疲れがたまっていらしたのかもしれません。ふり返りますと、私が御所に上がった昭和34年頃からしばらくは、日本在住の大使が56、7名、国賓も年一度か、年によっては全くないこともございました。今、大使館の数もその頃の2倍を超す124となり、国賓を始めとする外国からの賓客の訪日もふえ、陛下のお仕事も、それにつれ増え続けてまいりました。侍医もおりますし、まわりの人々もいろいろと心を遣い、この頃では長途のご旅行の後や、休日に祭祀や御公務でお休みになれなかったあと等、1日でも半日でもおくつろぎの時がとれるよう努力をしてくれています。

❖——平成九年

この1年のご感想などについて

問1　この1年を振り返って、印象に残っていることをお聞かせください。

皇后陛下　ペルーの日本大使公邸人質事件、ロシアタンカーの重油流出事故、神戸の少年犯罪、現在なお被害の続いているインドネシアの森林火災等、数々の心痛む出来事と共に、ダイアナ妃、マザーテレサ、「夜と霧」の著者フランクルの死が思い出されます。

ペルー事件のことは、ペルー側に死傷者の出たことで、今も重く心に残っています。同時に又、この折に、国際赤十字のミニグ氏を始めとする委員会の人々が、それぞれの過去の実績、専門性及び人格をもって、この事件の解決に貢献されたことも、忘れることが出来ません。重油流出事故に関しても、このようなことが二度とないことを願う一方、災害にあたって現地の人々が示された忍耐と実行力、全国のボランティアによる地道な支援活動には、深い敬意を覚えます。日本海の幾つもの渚が、その石の一つ一つまで人々の手でぬぐわれ元の姿にもどされたことを、これからも長く記憶に留めたいと思います。

問2　最近の社会情勢で気がかりなことをお聞かせください。

皇后陛下　現在の問題でも、日本の過去に関する問題でも、簡単に結論づけることが出来ず、様々な見地からの考察と、広い分野の人々による討論が必要とされる問題が数多くあります。複雑な問題を直ちに結論に導けない時、その複雑さに耐え、問題を担い続けていく忍耐と持久力をもつ社会であって欲しいと願っています。

日本が他の国に例を見ない程急激に高齢化の時代に入っていく時、そのことへの対応が十分に出来るかどうかが心にかかります。又、高齢化に対しては、常に少子化が問題とされますが、限られた日本の国土の中で、環境を良好に保ちつつ、これから長く人々が暮らしていくためには、どのような人口の規模や構成が最も望ましいかといった基本的な問題があまり議論されないのではないかと不安を感じます。人口の問題は決して国によって制御されるべきものではないと思いますが、どの様な状態に達するのが社会として好ましいかを個々人が念頭に置き、一つの指針とすることには意味があると思います。

ご病気後の経過などについて

問3　今年初めからお咳が続き、南米訪問後には帯状ヘルペスを患われました。その後、お体の調子はいかがでしょうか。

皇后陛下　日本と南米と二つの風邪を重ねてひいてしまい、幸い日程に支障は来しませんでしたが、多くの方々に心配して頂くこととなり心苦しいことでございました。ヘルペスの予後も好く、体力もだんだんと回復しているように思います。

問4　ふだんの健康管理の上で心がけていること、またご病気以降に健康維持のために始めたことなどありましたらお聞かせください。

皇后陛下　これまでに何回かお答えした事に特に加えるものはありません。

問5　ご病気後、宮内庁幹部は記者会見で、南米訪問の日程が過密だったことを認めた上で、「これからはご負担がかからないよう配慮していかなければならない」との考えを明らかにしています。外国訪問を含め、日々の多忙なご公務について、どのように受け止めていらっしゃいますか。

皇后陛下　日本は極東の地にあるため、ヨーロッパ、南北アメリカのいずれからも遠く、移動に時間がかかることが疲労を多くする原因の一つで、これは誰の責任でもありません。それに今回の場合―とりわけブラジルは―広大な国土に多くの都市が点在し、日系社会が、それぞれに活躍の拠点をそこにもっているのですから、訪問は当然の務めでした。もし希望を云うことを許されるとすれば、この15日間の日程の中程に、1日の休養があるとよかったと思います。

海外の日系社会への関心は、これまでハワイ、北米、メキシコ、ペルー、ブラジル、アルゼンチン、パラグアイ等を訪問する中で、1回毎に育てられてまいりました。この度の訪問は、両国を初めて訪れた30年前の記憶をよびさまし、この間における日系社会の発展に対する感慨や、発展の礎となった一世の人々への思い等に心を揺さぶられることが多く、後に振り返って、こうした強い感動も一種の疲れであったことに気付かされています。

国内の仕事については、宮中の祭祀は勿論のこと、各種の式典や行事への出席、各種功労者への接見など、どれも皇室として欠くことの出来ない大切な仕事が多くなってきており、又、外国賓客の接遇も、世界の独立国が私が御所に上がった1960年頃と較べ、2倍以上に増え、相互の行き来が容易になって来たことを考えると、多忙にならざるを得ないのが実状です。地方旅行も、陛下が、天皇としてのお立場で、出来るだけ早い機会に各都道府県を一巡なさるお気持ちをお持ちになっており、主だった島々への訪問も、すでにかなりを訪ねているとは申せ、五島列島を始め、未訪問の島々を残しています。もうしばらくは、現在のような旅行の日程が続いていくことが予想されます。ただ、年齢の上からも、これからは日程作成の上で、あまりの無理は避けていくことが出来ればと願っています。

ダイアナ・元皇太子妃の死去に伴うことについて

問6　3度来日しているダイアナ・元皇太子妃とは、どのようなお話をなさったのでしょうか。思い出や印象についてお聞かせ下さい。

皇后陛下　ダイアナ妃と初めてお会いしたのはご成婚の時でした。お式と関連の諸行事に出席し、式後お馬車で出発なさるときには、ご家族やご親族の方々と共に紙吹雪（コンフェティ）を播いてお送りいたしました。美しい花嫁姿でいらっしゃり、心からお幸せを願ったことでした。その後日本には3度いらっしゃり、その都度お会いしておりました。今はただご遺族のお悲しみに心を寄せ、残されたお二人の王子方の健やかな成長をお祈りするばかりです。

問7　日本の皇族が葬儀に参列しなかったことについて、宮内庁には国民から80件余りの電話が寄せられ、「参列すべきだった」という意見が多かったようです。このことをどのように受け止めていらっしゃいますか。

皇后陛下　外務省、宮内庁を始め政府が検討し結論したことであり、私もこの決定でよろしかったと思います。

問8　英王室の対応や英国民の反応を通じ、日本の皇室のあり方についてお考えになったことがあればお聞かせください。

皇后陛下　皇室のあり方については、折々に思いをめぐらすことがありますが、特にこの度のこととの関連においてということはありません。

ただ、日本の皇室も、血縁こそ持ちませんが、アジア、中近東、ヨーロッパの王室と長い交流の歴史をもち、家族のような絆で結ばれておりますので、その喜びごと、悲しみごとは、常に身近なこととして感じています。どのようなお立場におありの時でも、その時々に置かれていらっしゃるお立場の難しさを想像し、思いと祈りの中で、その方々のお気持ちの近くにありたいものと思います。

紀宮様のご結婚について

問9　紀宮様のご結婚や将来について、母親としての立場からお考えをお聞かせください。

皇后陛下　平成6年の時に同様の質問にお答えしたことと変わりなく、本人の気持ちを大切にし、静かに見守っていくつもりでおります。繰り返しになりますが、紀宮は私共の一家に沢山の喜びをもたらしてくれ、今、私共皆が紀宮の将来の幸せを心から願っています。

記者会見について

問10　宮内記者会は、毎年お誕生日に皇后様の記者会見を要望していますが、宮内庁は、外国御訪問前に会見を実施していることなどを理由に実現していません。皇后様は、記者会見の意義などをどうお考えになりますか。また、皇后様が望ましいと考える会見のあり方もお聞かせください。

皇后陛下　記者会見は、正直に申し、私には時として大層難しく思われることがあります。一つには自分の中にある考えが、なかなか言語化出来ないと云うことで、それはもしかすると、質問に対する私の考えそのものが、自分の中で十分に熟し切っておらず、ぼんやりとした形でしかないためであるからかもしれません。尋ねられることによって、始めて自分の考えが分かったと云うことが、今までにも何回かあり、私にとっての記者会見の意義は、自分の考え方をお伝えすると云うことと共に、言語化する必要にせまられることで、自分が自分の考えを改めて確認できるということであるかもしれません。

　会見の望ましい形については、まだ考えがまとまりませんが、答の一部分だけが報道され全体の意図が変わってしまった時や、どのような質問に対する答かが示されず、答の内容が唐突なものに受け取られる時は悲しい気持ちがいたします。

❖──平成十年

問1　ことしは平成になって10年目、そして、来年は結婚されてちょうど40年になろうとしています。この節目に当たって、これまでの道のりを振り返ってご感想、そして、今後のご公務をはじめとする日々の過ごされ方への抱負など、お聞かせください。

皇后陛下

〈平成10年目の感想〉

平成の10年間はあまりに慌ただしく過ぎ、まだゆっくりとふり返るゆとりを持つことが出来ません。少しでもお役に立てればと願いつゝ、過ごしてまいりましたが、至らぬことが多かったと思います。この節目の年にあたり、御歴代の御仁慈に改めて深く思いをいたし、平成の御代のつつがなきをお祈りいたします。

〈結婚40年の感想〉

どのような時にもあるがままの私を受け入れて下さった陛下の寛い御心に包まれて、今日までの道を歩いてまいりました。又、常に仰ぎ見る御手本として先帝陛下と皇太后陛下がいらして下さったことは、私にとりこの上なく幸せなことでした。

多くの方達に支えられ、助けて頂いて今日のあることを思います。

〈これからの日々の過ごし方〉

40年の間に少しずつ形を成して来た現在の生活に、これからも大きな変化があるとは思いません。これまでと変わることなく、陛下のお側で一つ一つ与えられた仕事を果たしていくつもりです。新しく展けて来る世紀には、家族の価値が見直されると共に、家族の枠組みを越えて社会が連帯し、人々が今まで以上に相互に助け合っていく時代が来るのではないでしょうか。この力強い連帯の中で、私も社会の出来事に心を寄せつゝ、人々と助け合って、同時代を生きたいと思います。

問2　紀宮さまは学問の研さんや日本舞踊の修練を積まれ、ますますお人柄を高められているお姿を拝見します。それにつれ、ご結婚への国民の関心が高まっているようです。来年30歳を迎える紀宮さまの結婚について、皇后さまのお考えをお聞かせください。何かアドバイスをなさっていますか。

皇后陛下　これまでお答えして来たことと変わりありません。その誕生から今日まで、紀宮はいつも私共家族の喜びでした。家族の皆が、紀宮の幸せを願っています。

問3　「妻」として「母」として「祖母」として、いま、喜びとしていること、気掛かりなことはなんですか。

皇后陛下　身内のことなので……これからもそれぞれの立場で、私が役に立つことがあれば喜んでしていきたいと思います。

問4　皇后さまとして、国賓の接遇にはいつもお心を砕いていることと思います。今般来日した金大中韓国大統領夫妻をお迎えするに当たってのお心遣いや、お会いしての印象についてお聞かせください。

皇后陛下

〈国賓の接遇について〉

国賓は、陛下が国の象徴となさってお迎えになる方々ですので、大切に、心をこめてお迎えしております。まだ御所に上がってすぐの頃に、どの国も変わりなくお迎えすることが大切、と陛下が接遇の基本をお話し下さったことをいつも思い出しています。これは当然のことのようですが、実際にはその時々の日本とその国との関係、又、人々の関心のもち方の違いから、歓迎の人々の多さや、報道のされ方等にどうしても差が出ますので、皇室がこの原則に常に立ちもどることが、どんなに大切かを毎回心に留め、お一人ずつの国賓をお迎えしています。

〈金大中大統領〉

大統領が長い苦難の年月を通して貫かれた信念の強さと、その間に培われた穏やかで寛容なお心根に胸を打たれました。

問5　最後に、この1年間を振り返ってのご感想をお聞かせください。また、皇后さま御自身についてみれば、長野パラリンピックの会場でウェーブに加わったり、ニューデリーで開かれた国際児童図書評議会（IBBY）世界大会にビデオによる基調講演で参加するなど、公私にわたりお忙しい一年でした。それについてご感想をお聞かせください。

皇后陛下　経済状況につき案じられることが多く、又、夏の集中豪雨が、人命の損失を含む大きな被害を残したことは、心の痛むことでした。年間の明るい出来事の記憶としては、長野五輪、W杯、奥尻島の復興宣言などがあります。長野五輪に続くパラリンピックでは、まだ障害者スポーツの黎明期であった東京オリンピックの頃、手探るようにしてこの分野の開拓に力を尽くされた人々のことを思い出しておりました。五輪でもパラリンピックでも、日本選手が本当に見事に競い、勝った人も、不運だった人も、皆個性的で美しく、それぞれの選手の幾つもの場面を、今も折々に思い出しています。

世界の出来事としては、欧州通貨統合の態勢が整ったこと、北アイルランドの和平合意、パプアニューギニアの津波、クローン羊ドリーの誕生等が印象に残っています。又、学問や平和維持の分野で世界に貢献された福井謙一博士と秋野豊さん、音楽を通して世界の子供達に、自分を伸ばす喜びを与えられた鈴木鎮一さんの死が惜しまれます。

初夏には、陛下と御一緒に英国、デンマークを公式に訪問いたしました。英国では元捕虜の人達の抗議行動があり、一つの戦争がもたらす様々な苦しみに思いをめぐらせつゝ、旅の日を過ごしました。先の戦争で、同様に捕虜として苦しみを経験した日本の人々のこともしきりに思われ、胸塞ぐ思いでした。傷ついた内外の人々のことをこれからも忘れることなく、平和を祈り続けていかなければと思います。

〈ウエーブのこと〉

ウエーブは、見るのもするのも始めてのことでした。不思議な波が、私たちの少し前で何回かとまり、左手の子供たちが、心配そうにこちらを見ておりましたので、どうかしてこれをつなげなければと思い、陛下のお許しを頂いて加わりました。私自身は、その後波が半周し，向かい側の吹奏楽団の生徒たちが、チューバやホルンをもってとびはねたのが面白く、もっと見たくて、次の何回かの波にも加わりました。

〈IBBYの基調講演のこと〉

大会の直前に訪問を中止せねばならなくなり、インド支部の方たちにご迷惑がかかってはと心配でたまりませんでした。幸いヴィデオに撮って頂くことが出来、参加を果たせて、ほっといたしました。

❖――平成十一年

問1　ご公務などにお忙しかった一年だったと存じますが、皇后さまご自身にとっても、お父様の正田英三郎氏が亡くなるという悲しい出来事がございました。お父様の思い出も含め、この一年間を振り返って、印象に残っていることをお聞かせ下さい。

皇后陛下　今年も天災、人災による幾つかの悲しい出来事がありましたが、8月に、昨年復興を宣言した奥尻島を訪れ、同時に北檜山、瀬棚等を訪ねて、復興の様を見聞することのできたことは嬉しいことでした。

最近、災害の中でも、集中豪雨が、その集中度、雨量共にひときわ激しいものとなり、犠牲者の出ていることが心配です。子供のころ教科書に、確か「稲むらの火」と題し津波の際の避難の様子を描いた物語があり、その後長く記憶に残ったことでしたが、津波であれ、洪水であれ、平常の状態が崩れた時の自然の恐ろしさや、対処の可能性が、学校教育の中で、具体的に教えられた一つの例として思い出されます。

今年は世界の人口が60億を超え、将来の人口問題、それにかかわる食糧、エネルギー、環境の問題等、報道でも度々とり上げられてきています。遺伝子組み換え、環境ホルモン等、学び考えていかなくてはならないことが多いのですが、とりわけ今の時代に母となる方々にとり、ダイオキシンと母乳の問題は心配なことと思われます。危険として認識されねばならない部分と、心配しなくてもよい部分とが充分に説明され、母乳による育児への不安が少しでも取り除かれるよう願っています。

１９９３年、世界保健機関(ＷＨＯ)は「結核の非常事態宣言」を発表しましたが、今年は日本でも「結核緊急事態宣言」が出されました。日本には、皇太后陛下の思召しでつくられた結核予防会があり、秩父宮妃殿下が長年名誉総裁として力をお尽くしになり、今は秋篠宮妃がおあとを務めています。これまでも地方自治体、医師会、病院や保健所関係者、結核予防婦人会等が一丸となって働き、大きな成果を上げてきましたが、近年多剤耐性等、新たな問題が加わり、感染症克服の難しさを改めて感じさせられています。これまでに長く地道に予防の実績を上げてきた結核予防会の更なる活躍を期待するとともに、結核予防が国民全体の取り組むべき課題として認識されることの必要を感じます。

10月には、介護保険制度の認定調査が開始されました。初めて試みられる制度に対し緊張を覚えますが、これが大勢の人々の協力を得、社会により良い結果をもたらすものとなるよう祈ります。

コソボ、東ティモール等、この一年も世界各地で痛ましい紛争が起こりました。寒さが厳しいと聞くキルギスの山岳地にいまだ捕らわれている日本人技術者のあることは悲しく、一日も早い解放を待ち望んでいます。

　心にかかることの多い一年でしたが、10月に入り、「国境なき医師団」のノーベル平和賞決定、柔道の世界選手権における日本選手の活躍のうれしいニュースに接しました。世界の中で日本の国技を担っていく人々の苦労にはひとしおのものがあることでしょう。選手、関係者の喜びが察せられます。

　質問の文中にありましたように、6月に父を亡くしました。父らしい一生でした。

問2　ご公務以外で最近取り組まれていらっしゃることや、関心をもっていらっしゃること、楽しみにしていらっしゃることなど「プライベートの皇后さま」についてお聞かせください。

皇后陛下　陛下や皇太后様の御健康が一番心にかかることであり、現在お二方がお健やかなことは、本当に嬉しいことです。この8月以来高松宮妃殿下の御不例をお案じ申し上げておりますが、たまたま御入院の前日にお目にかかった折にも、妃殿下は総裁をお務めになる恩賜財団済生会のお仕事のことを熱心にお話しになっていらっしゃいました。お年を召してからも、癌研究基金のお仕事を始め、文化や福祉にお力を注いで働いていらした妃殿下が、又以前のようにお元気におなりになる日をお待ちしております。

　公務以外で、最近特に取り組んでいるというものはありません。これまでたしなんできたものを、これからも続けていければと考えています。

　今振り返りますと、昭和の時代には旅行こそ多うございましたが、度々にテニスをしたり、定期的に先生方のお講義を伺ったり、音楽を教えていただくなど、今よりは大分ゆとりのある生活をしていました。だんだんと体力のなくなる今、急にスポーツから遠ざかることは避けたいので、テニスをもうしばらく続けていければと思います。

　音楽も、ささやかにであれ続けていかれれば、どんなに嬉しいでしょう。幸せなことにこれまで長年にわたり、大勢の音楽家の方たちが励まし支えてくださり、今日まで御所の生活の中に音楽を保ってくることができました。一日が終わり、夜、静かな部屋で陛下の伴奏をさせていただいたり、また、年に二、三回ですが、専門家の方に教わりながら楽興の一時を持つことは、今の私にとり大きな喜びです。

　約二か月にわたる紅葉山での養蚕も、私の生活の中で大切な部分を占めています。

　毎年、主任や助手の人たちに助けてもらいながら、一つ一つの仕事に楽しく携わっています。小石丸という小粒の繭が、正倉院の古代裂の復元に最もふさわしい現存の生糸とされ、御物《ぎょぶつ》の復元に役立てていただいていることを嬉しく思っています。

　移居から6年近い年月が経《た》ち、御所の庭もだんだんと落ち着いてきました。夏の夕方には年々種で殖やしてきた夕すげの花が一杯咲き、高原のようです。那須の廻谷《めぐりや》で昭和天皇から名を教えていただいた小さな白い未草《ひつじぐさ》も、大池の水に根付き、少しづつ殖えています。季節々々に花を待ちながら、一年が過ぎていきます。

問3　紀宮さまは今年に入り、南米、ハワイの2度にわたる外国公式訪問をはじめ、国内でもご公務を次々とお務めになっていらっしゃいますが、皇后陛下としてのお立場から、また母親として、紀宮さまの将来について現在のお気持をお聞かせください。

皇后陛下　平成9年及び10年にお答えしたことと変わりありません。

◆―平成十二年

問1　20世紀最後の今年、両陛下は外国や地方への訪問など、さまざまなご公務を果たされてきました。この一年を振りかえりながら、新しい世紀に向けて、天皇陛下とともにどのような皇室の姿を描かれていますか。

皇后陛下　この一年も、内外で多くの出来事がありました。世界の出来事、各地における政治的変化、変革等については、これからの進展に関心を持ちますが、特にここで触れるつもりはありません。

　国内では悲しいことに有珠山の噴火、神津島・新島等の地震、三宅島雄山の噴火、東海地方の豪雨、鳥取県西部地震等災害が頻発し、多くの地域で人々が危険にさらされました。犠牲者を悼み、被災で苦しんだ人々、今も苦しい状況に耐えている人々の上に深く思いを致します。三宅島からの全島民の避難は暑い盛りの頃でした。これからの寒さが案じられ、どうか皆健康であってほしいと念じています。

　このような災害のおこった時、例えばたゆまず続けられて来た火山観測のような地味な仕事が、どれだけ大事の際に意味をもつかに気付かされます。地域に深く関わり、土地の自然をよく知る専門家と、その研究を助け、研究成果を生かす行政との協力で、それぞれの地域で住民が危険から護られるよう、切に祈ります。

　5月から6月にかけ、オランダとスウェーデンに国賓として陛下のお伴をし、途中スイス、フィンランドに立ち寄りました。

　先の大戦のしこりの残るオランダへの旅は、私にとり難しい旅でした。無事に訪問を終えることの出来た今、この旅が陛下とオランダ女王陛下との間の40年近くにわたるご友情と、今回の訪問のため女王陛下が払って下さったさまざまなご努力、そして双方の国の人々が、国家間で、個人間で、永年真剣に払って来た努力の成果に、どれ程力強く支えられていたかをしみじみと思います。

　6月、皇太后陛下が崩御になりました。斂葬の日、激しい風音の中で伺った陛下の御誄《おんるい》が今も耳に残っています。

9月にはシドニーでオリンピックがあり、大勢の日本選手が活躍しました。パラリンピックのニュースも楽しみにしています。

10月には白川英樹名誉教授が今年度のノーベル化学賞を受賞されることが報道されました。日本が材料科学という、化学の基礎の分野に高いレベルを有することを誇らしく思います。

今年4月から実施に入った介護保険が、各市町村でどのように行われ、過疎地ではどのようになっているかを、ずっと案じてきました。この制度が、常に必要とされる改良を加えつつ、高齢化に向かうこれからの日本の社会を、しっかりと支える制度に育つことを願っています。

新しい世紀ということをあまり強く意識することはありません。これからも御神事を始めとし、過去から受けついだしきたりを大切に守りつつ、陛下のお考えに沿い、時代の要請に応えていきたいと思います。

問2　今年6月には香淳皇后が亡くなられました。香淳皇后は両陛下のご結婚以来、優しく、時には厳しく、手本としてのお姿を示されてきたことと思いますが、お別れの時のお気持ちや、印象深かった出来事、お言葉などがあればお聞かせください。

皇后陛下　まだ崩御から日が浅く、十分に思いを言葉に出来ません。40年を越えてお側で過ごす中で賜ったご恩愛に改めて深く思いを致しています。

ご晩年もうお言葉を伺うことは出来なくても、陛下と吹上御所をお訪ねし、皇太后様とご一緒に過ごす一時は私にとり週末毎の大切な時間であり、気がついた時には御所の一週間がその時を軸として巡っていたように思います。平成の11年余、皇太后様はそのご存在により、いつも力強く私を支えていらして下さいました。崩御になり、ただ寂しく、心細く思います。

印象深かった出来事という質問ですが、私にとり忘れられない思い出は、まだ宮中に上がって間もない東宮妃の頃、多摩御陵のお参りにお伴をさせて頂いた時のことです。梅の実の季節で、お参り後、昭和天皇と皇太后様と当時東宮でいらした陛下が、私もお加えになり、皆様してご休所の前のお庭で小梅をお拾いになりました。その日明るい日ざしの中で皇太后様のお笑い声を伺いながら、これからどこまでもこの御方の後《あと》におつきしていこうと思いました。今も自分一人の記念日のように、この日の記憶を大切にしています。

問3　昨年末、皇太子妃雅子さまに残念な出来事がございました、その後、体調不良のため斂葬の儀を欠席されたり、公務を一部取りやめられたこともありました。皇后さまは今回の一連の出来事をどのように受け止め、アドバイスされたことなどがあればお聞かせください。

皇后陛下　流産は、たとえ他に何人の子どもがあったとしても悲しいものであり、初めての懐妊でそれを味わった東宮妃の気持ちには、外からは測り知れぬものがあったと思います。体を大切にし、明るく日々を過ごしてほしい。

　東宮東宮妃は、今は東宮職という独自の組織の助けを得つつ、独立した生活を営んでいます。私がどのように役に立っていけるか、まだよく分からないのですが、必要とされる時には、話し相手になれるようでありたいと願っています。助言をするということは出来なくても、若い人の話の聞き役になることは、年輩の者のつとめでもあり、そのような形で傍にいることを心がけなくては、と思います。

　東宮東宮妃が、30代、40代というかけがえのない若い日々を、さまざまな経験を積み、勇気をもって生きていくことを信じています。

◆――平成十三年

問1　米国での未曾有のテロ事件をはじめ、国内外で悲惨な事件や事故、災害が続いています。国内の景気も回復せず社会的な不安が募っていますが、この一年を振り返り印象に残る出来事やご感想についてお聞かせ下さい。

皇后陛下　米国で連続テロが行われ、日本人24名を含む五千数百名がその犠牲となりました。家族を失い、また、いまだ家族の消息を得られぬ人々の悲しみを思い、心が痛みます。

　日本をめぐっても、この一年は、えひめ丸の惨事に始まり、一つの出来事の場に居合わせた人々が、予期せぬ犠牲となる傷ましい事件がいくつかあり、犠牲者の中には、いたいけな児童も含まれました。そうした中で、人、一人一人の安全が、その住む社会や国全体の、そして恐らくは世界の国々の安全や安定ということと、決して無関係ではないことを改めて感じさせられています。

　今年は阪神、淡路の大震災から6年を経、4月には陛下とご一緒に被災の各地を訪れました。復興を讃《たた》えるとともに、ここまでの道のりで、どれ程に人々が忍耐を重ね、悲しみや苦しみを越えて来たかを思い、胸がつまる思いでした。

　有珠山の噴火からは一年半が過ぎましたが、今も仮設住宅に千人余の人々が住み、地域の活気の戻らぬ様子を心配しています。三宅の人々も全員島を離れたままで、辛く寂しいことでしょう。テロのような大きな出来事の陰で、これらの人々の苦しみが、社会から忘れられていくことのないよう願っています。

　平成8年に、らい予防法は廃止されましたが、今年は元患者の人々と国との間の裁判をめぐり、広く社会の関心がこの病に向けられました。療養所で、入所後の長い日々、実名を捨てて暮らして来た人々が、人間回復の証として、次々と本名を名のった姿を忘れることが出来ません。今後入居者の数が徐々に減少へと向かう各地の療養所が、入所者にとり寂しいものとならないよう、関係者とともに見守っていきたいと思います。

　昨年11月、エロイーズ・カニンガムさんが亡くなりました。戦前の昭和14年以来、戦争による中断はありましたが、約60年にわたり、「ミュージック・フォア・ユース」として、日本の青少年のために音楽会を催して来られました。また今年9月には、長年にわたり日本の若い音楽家を育て、近年は毎年宮崎の音楽祭で日本やアジアの音楽家を指導して来られたアイザック・スターン氏も亡くなりました。共に、日本の若者たちに美しい音の世界を贈って下さった方々として、その死を悼んでいます。

　テロを始めとし、悲しい出来事の多い中で、人々の地道な努力が花開くのを見る喜びもありました。昨年の白川名誉教授に引き続き、今年もノーベル化学賞を日本の野依良治教授が受けられることは、素晴らしいニュースでした。また、いまだ楽観は許されませんが、ここ数年心配されていた結核の罹患率も、4年ぶりに減少に転じ、関係者の努力をしのんでいます。

　野茂投手を始めとし、日本の野球選手たちが、大リーグでそれぞれ個性的に活躍していることもうれしく、ニュースで見て、驚いたり喜んだりしています。

問2　皇太子ご夫妻のお子さまは、両陛下にとりまして3人目の皇孫となります。目前に迫ったご誕生を控え、国民に向けてその喜びのお気持ちをお聞かせください。

皇后陛下　今はその時期ではなく、この回答は控えます。

問3a　皇后という公的な立場から、皇太子ご夫妻に誕生する皇孫についてこう育ってほしいという願いはありますか。

皇后陛下　時がくれば、東宮や東宮妃が、まず両親としての願いを語るでしょう。それで十分だと思います。私自身は、きっと秋篠宮家の二人の子どもたちの誕生の時と同じく、「よく来てくれて」と迎えるだけで、胸が一杯になると思います。

問3b　ご自身の経験を踏まえ、ご夫妻にはどのようなアドバイスやお心遣いをされ、また誕生に向けてどのような具体的な準備をされていますか。

皇后陛下　東宮妃の心身の健康を願って今日までまいりました。アドバイスに関しては、私の子どもたちが生まれた頃から時代も大きく変わっており、助言という程のことはできませんが、私が何か役に立つことがあればうれしく思います。子どもたちがまだ小さく、私があちらに住んでおりました頃、東宮御所の庭には夏でも涼しい風の通り道があって、よく乳母車を押してまいりました。これからは、そうした懐かしい思い出も少しずつ話していきたいと思います。

　準備については、これまでのしきたり通り、新《しん》宮《みや》の初着《うぶぎ》や陛下から賜るお守り刀等、一つずつ整えてもらっています。

問4　両陛下が若いころから積極的にかかわってこられた福祉の分野では、例えばパラリンピックなど障害者スポーツが隆盛を迎えております。皇室が新たなメンバーを迎えようとしている今、皇后さまご自身の取り組みを振り返りながら、両陛下が築き上げてこられた皇室の役割が若い世代にどのように引き継がれていくことを望んでいらっしゃいますか。

皇后陛下　私が御所に上がりましたのは昭和34年で、今から40年以上も前になります。当時、三宮家―秩父宮家、高松宮家、三笠宮家―の殿下や妃殿下方が、さまざまな福祉活動を熱心に支援していらっしゃり、皆様から多くのことを学ばせて頂きました。

　結婚後間もなく、皇后陛下が名誉総裁をお務めになる日本赤十字社に名誉副総裁として迎えて頂きましたが、こうして20代の若い日に赤十字活動に触れたことは、私をその後、福祉に関する多くの人々との出会いに導いてくれたように思います。

　昭和36年に、日本で初めての重症心身障害児施設「島田療育園」が民間人の手によって興されました。私が出産後初めて公務として日赤の乳児院を訪れた時、小児科医として障害児を診ておられた小林堤樹教授が初代の園長となられ、その後も長く困難な道を、園と共に歩まれました。日本ではこれに引き続き、昭和37年に「秋津療育園」が、38年には「びわこ学園」が、同じ目標をもって誕生しています。私が3人の子どもの母として過ごした時期が、これらの施設の揺籃期と重なっており、無関心であることは出来ませんでした。

　昭和39年には、陛下を名誉総裁に、日本で初めての障害者スポーツ大会、パラリンピックが開かれ、以後各県で年毎に行われる身障者スポーツ大会に、陛下とご一緒に出席するようになりました。

　重度障害者自身が自立を目ざして経営し、働く、日本で初めての福祉工場「太陽の家」が別府で発足したのは、東京パラリンピックの翌年のことです。昭和40年代に入ると、海外で行われるスポーツの国際大会に日本の障害者が参加する機会も次第に増え、帰国した人々が、新しい経験を目を輝かせて話してくれるのを聞くのが楽しみでした。福祉の分野も含む青年海外協力隊が誕生したのは昭和49年、陛下も私も、この頃に40になりました。

　ふり返りますと、社会の中で沢山の新しいことが、手探りのようにして始められていた時代であったように思われます。私自身は、こうした様々な社会の新しい動きの中で、先駆者達の姿に目を見張り、その言葉に聞き入り、常に導かれる側にあって歩いてまいりました。

新しい活動が始められる段階は、常に危うさを伴い、どこか不安定な感じもあるのですが、初期にしかない熱気や迫力もあり、わずかずつでもそうした活力に触れることの出来たことは、得難い経験であったと思います。

時代は常に移り変わっており、それぞれの時代にその時々の社会の要請があります。陛下も私も、そうした要請の中で、何度も戸惑い、恐れ、時に喜びつつ、若い日々を過ごしてまいりました。若い世代の人々は、私たちの、また、私たち世代の力の足りなかった部分も含めて、より多く過去から学ぶことが出来るでしょう。皇室の伝統から学ぶとともに、常に社会の新しい要請を受け止め、人々と困難をともにしつつ、新しい時代を築いていって欲しいと願っています。

❖――平成十四年

問1　日韓共催サッカーW杯は日韓両チームが決勝トーナメントに進出し、大会自体もトラブルなく大きな成功を収めました。9月には日朝首脳会談も行われるなど、日本と朝鮮半島の関係で大きな節目となりました。一方，7月に訪問された中東欧諸国のうち、チェコなどはその後、洪水に見舞われました。国内外で前進したこともあれば、悲しい出来事もあったこの1年、皇后さまのお気持ちをお聞かせ下さい。

皇后陛下　この1年、W杯におけるサッカーの選手たちの活躍や、二人の科学者のノーベル賞受賞など、日本の多くの人々が楽しみ、喜ぶことがあり、私もうれしゅうございました。長年にわたり研究の道を歩み、立派な成果を上げられた小柴さん、田中さんの栄誉をお祝いいたします。

今年の7月には、陛下の2年ぶりの公式外国訪問が行われ、私も随行いたしました。この中東欧の旅の美しい思い出は、今も度々心によみがえります。

一家のうれしい出来事としては、敬宮の誕生がありました。東宮、東宮妃に深くいつくしまれ、元気に育ち、もう間もなく1歳の誕生日を迎えます。

国外のことでは、様々な問題を残しながらも、アフガニスタンに平和が戻ったことに安堵いたしました。避難所から故郷に向かう難民の一人が、故郷で何をするかとの問いに「家を建て直し、春の種を播く」と答えていた言葉と、タリバンの厳しい禁止令下で、なお女子の学習塾が続けられていたという事実が深く印象に残っています。

悲しい出来事についても触れなければなりません。

小泉総理の北朝鮮訪問により、一連の拉致事件に関し、初めて真相の一部が報道され、驚きと悲しみと共に、無念さを覚えます。何故私たち皆が、自分たち共同社会の出来事として、この人々の不在をもっと強く意識し続けることが出来なかったかとの思いを消すことができません。今回の帰国者と家族との再会の喜びを思うにつけ、今回帰ることのできなかった人々の家族の気持ちは察するにあまりあり、その一入《ひとしお》の淋しさを思います。

三宅島の人々の避難生活も、もう2年を越しました。どんなにか帰島の日々を待ち望んでおられることでしょう。島民の健康を祈り，また島に常駐したり、通ったりして島の復旧に尽くしておられる人々の苦労を偲《しの》びつつ、1日も早く三宅の自然が美しくよみがえり、帰島の日の訪れることを念じています。

問2　敬宮愛子さまを新しく家族に迎えられたお気持ちや、皇后さまから見て皇太子ご夫妻を始め天皇ご一家に変化はあったかどうかお聞かせ下さい。ご夫妻に養育と公務についてアドバイスされることもあるのでしょうか。眞子さま、佳子さまも含めて3人となったお孫さんの今後のご成育へのお考えはどうでしょうか。

皇后陛下　敬宮の誕生は、東宮、東宮妃はもとより、家族の皆にとり、大きな喜びであり、その誕生を多くの方々が祝って下さったことで、喜びはさらに大きなものとなりました。

一家の中での変化は、やはり東宮御所がにぎやかになったことでしょうか。また、数年前から，時々「妹が欲しい」といっていた秋篠宮家の次女の佳子が、敬宮と一緒になりますと、今まで姉の眞子が自分にしてくれていたのと同じように、優しく敬宮の相手をしている様子も可愛く思います。

東宮、東宮妃ともに、敬宮を一生懸命に愛情深く育てており、私は安心して2人にまかせています。会うごとに、敬宮の成長の著しさに驚かされ、頼もしく、うれしいことに思います。

秋篠宮、秋篠宮妃も、二人の内親王を大切に育ててきました。眞子も佳子も、小さい時からよく両親につれられて御所に来ており、一昨年ごろからは、両親が留守の時には、二人だけで来ることもできるようになりました。生物学御研究所のお庭に、陛下が水稲のための御田の他、五畝《いつうね》程の小さな畠をお持ちで、毎年そちらで陸稲と粟をお作りになるのですが、眞子が五つ、佳子は三つの頃から、種まきや刈り入れの時には、ほぼ毎年のように来て、陛下のお手伝いをしています。このようなとき、鋏や鎌などの道具の使い方や、使う時の力の入れ加減、抜き加減などを教えることが、私にはとても楽しいことに感じられます。養蚕のときに、回転まぶしの枠から、繭をはずす繭掻きの作業なども、二人していつまでも飽きずにしており、仕事の中には遊びの要素もあるのかもしれません。敬宮が大きくなり、3人して遊んだり、小さな手伝い事などができるようになると、また、楽しみがふえることと思います。

東宮、東宮妃の公務についてお尋ねがありましたが、二人してこれまでもよく相談し合い、東宮職の人たちともはかって運んできたことと思います。陛下も私も、若い日を若い日として生き、今、高齢となりました。私どもの2度と戻れぬ若い日々を、今、二人が生きているのだと思うと、胸が熱くなる思いがいたします。二人して力を合わせ、自分たちの良い時代を築いていってくれることを信じ、見守っております。

問3　スイス・バーゼルで開催されたIBBY50周年記念大会に名誉総裁として出席されました。子供の本に関係する地道な活動をしている世界の児童文学関係者に大きな励みと勇気を与えただけでなく、児童文学に深い造詣がある皇后さまにとって、さらに見識を深める大きな節目となったことと思います。参加された感想や印象に残ったことをお聞かせ下さい。今後、この分野ではどのように関わっていきたいと思われますか。

皇后陛下　この度の旅行につきましては、長い間ためらっておりましたが、子供のころに本から多くの恩恵を受けた者として、ＩＢＢＹの50周年を祝うバーゼル大会へのお招きをお受けいたしました。60を超える各国支部と、まだ支部を形成することのできない国や地域の多数の個人会員を、ただ二人の事務局が支えているという、信じられぬような切りつめた組織がとり行った大会であるにもかかわらず、事務局を始め、それを支える幹部会員の真心と熱意が、会場にしみ渡っているように感じられる見事な会であったと思います。

　今回の大会の参加は、陛下のお励ましを頂き、また、多くの方々に支えていただいて、始めて可能となったことでした。今後は開会式の挨拶でも申しましたように、この度の経験から、少しでもＩＢＢＹの活動への理解を深めた者として、遠くからではありますが、この地道な活動を見守っていきたいと思います。

問4　時代によって皇室の役割に変化があるように、皇室での皇后の役割も変わってくるように思われます。今回、IBBY大会にお一人で参加されたことは、女性皇族の役割という意味でも新たな指針となったと受け止めております。紀宮さまも今年の誕生日会見で女性皇族のあり方や内親王としての立場、公務について言及されました。皇后さまはこれからの女性皇族の役割についてどう思っておられますか。紀宮さまの今後についても含めてお聞かせ下さい。

皇后陛下　皇后の役割の変化ということが折々に言われますが、私はその都度、明治の開国期に、激しい時代の変化の中で、皇后としての役割をお果たしになった昭憲皇太后のお上を思わずにはいられません。

　御服装も、それまでの五衣《いつつぎぬ》や袿袴《けいこ》に、皇室史上初めて西欧の正装が加えられ、宝冠を着け、お靴を召されました。そのどちらの御服装の時にも、毅然としてお美しいことに胸を打たれます。外国人との交際も、それまでの皇室に前例のないことでした。新しい時代の女子教育にもたずさわられ、日本初期の留学生、津田梅子、大山捨松、石井筆子始め一人一人の上に、当時の皇后様のお気持ちが寄せられていたと思われます。皇室における赤十字との関係も明治の時代に作られました。

欧化思想とそれに抗する思想との渦巻く中で、日本の伝統を守りつつ、広く世界に御目を向けられた昭憲皇太后の御時代に、近代の皇后のあり方の基本が定まり、その後、貞明皇后、香淳皇后がそれぞれの時代の要請にこたえ、さらに沢山の新しい役割をお果たしになりました。どの時代にも皇后様方のお上に、歴代初めての体験がおありになり、近年では、香淳皇后の、皇后のお立場での外国御訪問が、皇室史上例のない画期的なことでございました。先の時代を歩まれた皇后様方のお上を思いつつ、私にも時の変化に耐える力と、変化の中で判断を誤らぬ力が与えられるよう、いつも祈っています。

これからの女性皇族に何を望むかという質問ですが、人は皆個性を持っていることであり、どなたに対しても類型的な皇族像を求めるべきではないと思います。それぞれの方らしく、御自分の求める女性像を、時と思いをかけて完成していっていただくことが望ましいのではないでしょうか。そして皇室の長い間のしきたりであり、また、日本人のしきたりでもある御先祖のお祀りを皆して大切にし、これまでどおり、それぞれのなさり方で陛下をお支えになって下されば、私は大層心強く思います。

紀宮の将来については、これまでの回答と変わりありません。紀宮の存在は、いつも、一家の喜びでした。私どもは皆紀宮の将来が幸せであるよう願っています。

◆平成十五年

問1　この1年を振り返り、ご一家のことも含めて印象に残る出来事やご感想についてお聞かせください。

皇后陛下　昨年の誕生日以来、この1年も事多い年でした。

5月と7月の2度にわたり、宮城県を中心とする地域に、また9月に入ってからは、北海道十勝に度々に地震が起き、大きな被害を残しました。大勢の人々が怪我を負い、また避難生活を余儀なくされ、心の痛むことでした。7月には、中国、九州地方が豪雨に襲われ、また8月には台風10号のため北海道始め広範囲にわたる地域が被害を受けました。この時の40名を超える犠牲者の死を悼みます。

この夏は異常に涼しく、農家の人々は苦労が多かったことと案じています。紅葉山養蚕所の春蚕も、今年は総じて繭が小さく、5、6月の日照不足が桑に及ぼした影響があったようです。

三宅の火山ガスの放出もいまだ止まらず、3年にわたり避難を続けている人々は、どんなにか疲れていることでしょう。東京都が、早くより地道に続けているライフ・ラインの復旧、橋梁や砂防の工事も順調に進んでいるようであり、全員帰島の日の遠からぬことを祈っています。

この10月で、地村保志さん等5名の拉致被害者が帰国して1年になります。

この方たちそれぞれが、長い断絶の時を経、恐らくは私たち誰もが十分には察しきれない悲しみを内に持ちつつ、日本の社会に再適応する困難に耐えていることを忘れてはならないと感じています。

国際的な出来事の中では、イラクにおいて、国連の事務所がテロの対象となり、ボスニア、ティモール等、世界各地で紛争後の国造りに力を尽くしたデ・メロ特別代表が死亡したことを、大変残念に思います。同じく、国連との関係になりますが、今年、小型武器規制に関する中間会議で、日本の猪口軍縮大使が議長を務めた姿も、印象に残っています。年間50万人もの死者を出すといわれる小型兵器は、主として人目の届かぬ小さな国々で被害を出しており、大使が、こうした国々の被害者の声を議場に届けることを議長の役割とし、年次報告書の全会一致の採択に向けて努力する姿に胸を打たれました。

この他、保健・衛生に関し、SARSやBSE、輸血血液の問題等、これからの課題として記憶に残りました。

スポーツ界は陸上、水泳を始めとし、嬉しいニュースを沢山に届けてくれました。多くの世界大会で活躍し、今、現役を引退した荻原健司選手が国際フェアプレー賞を受賞したことも、日本にとり素晴らしい出来事であったと思います。今年は陛下のご不例で初場所を見ませんでしたが、来年は陛下がお元気で、ご一緒にお相撲を見られるとよいと今から楽しみにしています。

一家のこととしては、お若い高円宮の薨去が、今も深い悲しみを残しています。妃殿下が悲しみの中にも健気に殿下のお志を継承しようとしていらっしゃり、少しでもお力になっていかなければと思います。

1月には陛下ががんの手術をお受けになりました。私にとっても初めての経験が多く、心細い日々でしたが、陛下が科学者らしい静かなお目で事態をご覧になり、また陛下としてのご自覚の中で全てに対処なさいました。難しいことの多かったあの日々も、陛下に支えて頂いて通り抜けることが出来たのだと思います。

問2　天皇陛下が1月に前立腺がんの手術を受けられました。皇后さまは陛下のご入院中、連日付き添われるなど献身的なお世話をされました。一連の経過の中で皇后さまが感じられたこと、心に残るエピソードなどがありましたらお聞かせ下さい。また、陛下と皇后さまご自身の健康管理、今後のご公務のあり方についてお考えをお聞かせ下さい。

皇后陛下　陛下のお病気がだんだんに確実なもの

とされていく日々、何回となく、これは夢の中の出来事で、今にほっとして目覚めることが出来るのではないか、と願ったことでした。

この度のご手術に関し、忘れられないことは、広範囲にわたり、多くの方々の協力を頂いたことです。関わって下さった方々が、それぞれの所属や立場を越え、陛下のお為に最もよいと思われる形で、力を提供して下さいました。有難いことであったと思います。

ご闘病中、国の内外から寄せられたお見舞いの気持ちを、陛下は喜ばれ、また、お力とされていらっしゃいました。沢山の人々の祈願に包まれ陛下のお側で過ごした日々を、今も感謝の中に思い出します。

病院に通う道々、時として同じ道を行く人々の健康体をまぶしいように見つめていたあの頃の自分のように、今日も身近な人の容態を気遣う多勢の人々のあることを思い、現代のすぐれた医学の恩恵が、どうか一人でも多くの人の享受するものであるよう、願わずにはいられません。

今後の健康管理や、公務のあり方についてのおたずねですが、あまりこれまでの答えと変りません。ただ、すでに発表されたように、陛下のPSAが示す今後の動きには、十分な注意を払っていかなければなりません。医務主管や侍医たち、宮内庁の関係者が陛下のお気持ちに添いつつ、可能な範囲で、少しずつ陛下のご負担の軽減をはかっていってくれるよう願っています。

問3　今夏、陛下とともに13年ぶりに長野県軽井沢町を訪問されました。皇后さまにとりまして疎開当時から正田家の皆さまと過ごされ、また天皇陛下との出会いなど様々な思い出を作られた場所でもあります。こうした時の流れの中で、軽井沢との関わりについて、どのような感慨をお持ちになられているかお聞かせ下さい。

皇后陛下　7月に熊本で多数の死者を出した集中豪雨があり、その頃計画していた須崎の滞在をとり止めましたので、8月26日から29日までの軽井沢滞在が今年最初の夏休みとなりました。

13年ぶりの軽井沢は、何もなにも懐しく、陛下とご一緒に思い出のある場所をたずねたり、樅の木にかこまれた鹿島の森や泉の里の道を歩いて過ごしました。

27日と29日には、かつて軽井沢滞在中に訪問したことのある、小諸と大日向の開拓地をたずね、当時会った人々との再会も果たすことが出来ました。開拓地に向かう道々には、花豆の赤い花があちこちの畑に咲いており、ああ軽井沢に来ているのだと、沁々と感じたことでした。

長い間たずねておりませんでしたのに、大勢の方に「お帰りなさい」と迎えて頂き、思い出の多い土地で、心温まる数日を過ごせたことを感謝しています。

❖——平成十六年

問1　70歳のお誕生日おめでとうございます。お生まれになってから、さらには天皇陛下と結婚されてからの45年余を振り返りつつ、喜びや悲しみ、印象に残った出来事などをお聞かせください。

皇后陛下　古希を迎え、両親に育てられ、守られていた頃が、はるかな日々のこととして思い出されます。

家を離れる日の朝、父は「陛下と東宮様のみ心にそって生きるように」と言い、母は黙って抱きしめてくれました。両親からは多くのことを学びました。

振り返りますと、子ども時代は本当によく戸外で遊び、少女時代というより少年時代に近い日々を過ごしました。小学生生活のほとんどが戦時下で、恐らく私どものクラスが「国民学校」の生徒として入学し卒業した、唯一の学年だったと思います。そのようなことから、還暦の時の回答にも記しましたように、私の中に、戦時と戦後、特に疎開を間には さむ数年間が、とりわけ深い印象を残しており、その後、年を重ねるごとに、その時々の自分の年齢で、戦時下を過ごした人々はどんなであったろうと考えることが、よくあります。

結婚により私の生活は大きく変わりましたが、陛下がいつも寛《ひろ》いお心で私を受け容れてくださり、また、3人の子どもたちからも多くの喜びを与えられました。私は男の子も大好きでしたが、3人目に、小さな清子が来てくれた時のうれしさも、忘れることができません。この子どもたちを、昭和天皇、香淳皇后のお見守りくださる中で育てた日々のことは、今も私の大切な思い出です。

陛下のお側でさせていただいた様々な公務は、私にとり、決して容易なものばかりではありませんでしたが、今振り返り、その一つ一つが私にとり必要な経験であったことが分かります。陛下がお優しい中にも、時に厳しく導いてくださり、職員たちも様々な部署にあって、地味に、静かに、私を支え続けてくれました。まだ若かった日々に、社会の各分野で高い志を持って働く多くの年長の人たちの姿を目のあたりにし、その人々から直接間接に教えを受けることができたことも、幸運でした。とりわけ、自らが深い悲しみや苦しみを経験し、むしろそのゆえに、弱く、悲しむ人々の傍らに終生よりそった何人かの人々を知る機会を持ったことは、私がその後の人生を生きる上の、指針の一つとなったと思います。

平成2年に礼宮が、5年に皇太子が結婚し、二人の妃が私どもの家族に加わってくれました。これから先、長く皇室で生きていく二人が、私のしてきた事ばかりでなく、なし得なかったたくさんの事も、しっかりと見、補っていってほしいと願っています。

至らぬことが多ございましたが、これからもこれまでと変わらず、陛下のお側で人々の幸せを祈るとともに、幼い者も含め、身近な人々の無事を祈りつつ、国や社会の要請にこたえていきたいと思います。

問2　この間、昭和から平成へと時代は引き継がれ、その平成の世も16年になりました。常に天皇陛下をそばで支え、両陛下で皇室のあり方を自問しながら、その時々の時代の要請に応えてこられたと思います。皇太子妃、皇后として務める日々の心の内にあったものは、どんなことだったでしょうか。「次世代」の皇太子ご一家や秋篠宮ご一家、紀宮殿下への願いと併せ、お聞かせください。

皇后陛下　もう45年以前のことになりますが、私は今でも、昭和34年のご成婚の日のお馬車の列で、沿道の人々から受けた温かい祝福を、感謝とともに思い返すことがよくあります。東宮妃として、あの日、民間から私を受け入れた皇室と、その長い歴史に、傷をつけてはならないという重い責任感とともに、あの同じ日に、私の新しい旅立ちを祝福して見送ってくださった大勢の方々の期待を無にし、私もそこに生を得た庶民の歴史に傷を残してはならないという思いもまた、その後の歳月、私の中に、常にあったと思います。

　陛下が東宮でいらした時は、昭和天皇をお助けし、昭和の時代を支えていくという、静かな、しかし強い陛下のご気迫を、常に身近に感じておりました。また、お若い頃より伝統を今に活かしつつ、時代の要請に応えていこうとなさる陛下のお気持ちは、いつか私のものともなって、このお気持ちをともにしつつ、皇室での日々を過ごしてきたように思います。

　皇太子始め次世代の若い人たちへの願いは、という質問ですが、それぞれの生き方を見守りつつ、必要と思われる時に、その都度伝えていくつもりです。今はただ、皆ができるだけ人生を静かな目で見、穏やかに、すこやかに、歩いていってほしいという願いを伝えたいと思います。

問3　皇太子妃殿下は昨年末から長期の静養を続けられています。また今年5月の皇太子殿下のご発言をきっかけに、皇室をめぐってさまざまな報道や国民的議論がなされました。妃殿下のことや一連の経過、この間の宮内庁の対応などについて、どのように受け止められましたでしょうか。

皇后陛下　東宮妃の長期の静養については、妃自身が一番に辛く感じていることと思い、これからも大切に見守り続けていかなければと考えています。家族の中に苦しんでいる人があることは、家族全員の悲しみであり、私だけではなく、家族の皆が、東宮妃の回復を願い、助けになりたいと望んでいます。宮内庁の人々にも心労をかけました。庁内の人々、とりわけ東宮職の人々が、これからもどうか東宮妃の回復にむけ、力となってくれることを望んでいます。宮内庁にも様々な課題があり、常に努力が求められますが、昨今のように、ただひたすらに誹《そし》られるべき所では決してないと思っています。

◆――平成十七年

問1　戦後60年の節目にあたる今年、両陛下は激戦地サイパンを慰霊訪問されました。今後、戦争の記憶とどのように向き合い、継承していきたいとお考えですか。

皇后陛下　陛下は戦後49年の年に硫黄島で、50年に広島、長崎、沖縄、東京で、戦没者の慰霊を行われましたが、その当時から、南太平洋の島々で戦時下に亡くなられた人々のことを、深くお心になさっていらっしゃいました。外地のことであり、なかなか実現に至りませんでしたが、戦後60年の今年、サイパン訪問への道が開かれ、年来の希望をお果たしになりました。

　サイパン陥落は、陛下が初等科5年生の時であり、その翌年に戦争が終りました。私は陛下の1年下で、この頃の1歳の違いは大きく、陛下がかなり詳しく当時の南方の様子を記憶していらっしゃるのに対し、私はラバウル、パラオ、ペリリュウ等の地名や、南洋庁、制空権、玉砕等、わずかな言葉を覚えているに過ぎません。それでもサイパンが落ちた時の、周囲の大人たちの動揺は今も記憶にあり、恐らく陛下や私の世代が、当時戦争の報道に触れていた者の中で、最年少の層に当たるのではないかと思います。そのようなことから、私にとり戦争の記憶は、真向かわぬまでも消し去ることの出来ないものであり、戦争をより深く体験した年上の方々が次第に少なくなられるにつれ、続く私どもの世代が、戦争と平和につき、更に考えを深めていかなければいけないとの思いを深くしています。

　戦没者の両親の世代の方が皆年をとられ、今年8月15日の終戦記念日の式典は、この世代の出席のない初めての式典になったと聞きました。靖国神社や千鳥ヶ淵に詣でる遺族も、一年一年年を加え、兄弟姉妹の世代ですら、もうかなりの高齢に達しておられるのではないでしょうか。対馬丸の撃沈で亡くなった沖縄の学童疎開の児童たちも、無事であったなら、今は古希を迎えた頃でしょう。遺族にとり、長く、重い年月であったと思います。

　経験の継承ということについては、戦争のことに限らず、だれもが自分の経験を身近な人に伝え、また、家族や社会にとって大切と思われる記憶についても、これを次世代に譲り渡していくことが大事だと考えています。今年の夏、陛下と清子と共に、満蒙開拓の引揚者が戦後那須の原野を開いて作った千振開拓地を訪ねた時には、ちょうど那須御用邸に秋篠宮と長女の眞子も来ており、戦中戦後のことに少しでも触れてほしく、同道いたしました。眞子は中学2年生で、まだ少し早いかと思いましたが、これ以前に母方の祖母で、自身、幼時に引揚げを経験した川嶋和代さんから、藤原ていさんの「流れる星は生きている」を頂いて読んでいたことを知り、誘いました。初期に入植した方たちが、穏やかに遠い日々の経験を語って下さり、眞子がやや緊張して耳を傾けていた様子が、今も目に残っています。

問2　両陛下はご病気を抱えながら公務に励まれ、皇太子妃雅子さまは療養からまもなく丸2年が経ちます。昨年5月には皇太子さまの「人格否定発言」があり、以後皇室についてのさまざまな報道がなされ、両陛下や皇太子さま、秋篠宮さま、紀宮さまはそれぞれ記者会見や文書で考えを示されました。公務のあり方や世代間の考え方の違いといった問題や、現在進められている皇位継承をめぐる議論に国民は注目しています。ご一家のご様子についてとともに、皇后さまは皇室の現状とその将来についてどう感じ、どう願っておられるかをお聞かせください。

皇后陛下　陛下は、引き続き月一度ホルモン療法を受けていらっしゃいます。少し副作用があり、以前よりお疲れになりやすく、また、発汗がおありになります。また、この療法を始めるにあたり、担当医から筋肉が次第に弱まる可能性も示唆されており、陛下はご手術前と変わらず、今も早朝の散策に加え、ご公務で宮殿にいかれる時もできるだけお歩きになっていらっしゃいます。宮殿で行われる認証式は夜分になることが多いのですが、そのような時も、暗い池端の道を、大抵は徒歩でお帰りになります。

先々週には、東宮が一家して葉山の御用邸に訪ねて来てくれ、うれしく、一緒によい時を過ごしました。雨がちで気の毒でしたが、晴れ間を見て浜にも出、敬宮は楽しそうに砂で遊びました。東宮妃が段々と元気になっている様子で、本当にうれしく思います。

現在のもつ皇室の問題については、陛下が昨年のお誕生日の会見で詳しくお話しになっており、新たに私がつけ加えることはありません。できるだけ静かな環境をつくり、東宮妃の回復を見守っていきたいと思います。

問3　紀宮さまの嫁がれる日が近づきました。初めて女のお子様を授かった喜びの日から、今日までの36年の歩みを振り返り、心に浮かぶことや紀宮さまへの思いを、とっておきのエピソードを交えてお聞かせください。そして皇族の立場を離れられる紀宮さまに対して、どのような言葉を贈られますか。

皇后陛下　清子は昭和44年4月18日の夜分、予定より2週間程早く生まれてまいりました。その日の朝、目に映った窓外の若葉が透き通るように美しく、今日は何か特別によいことがあるのかしら、と不思議な気持ちで見入っていたことを思い出します。

自然のお好きな陛下のお傍で、二人の兄同様、清子も東宮御所の庭で自然に親しみ、その恵みの中で育ちました。小さな蟻や油虫の動きを飽きることなく眺めていたり、ある朝突然庭に出現した、白いフェアリー・リング（妖精の輪と呼ばれるきのこの環状の群生）に喜び、その周りを楽しそうにスキップでまわっていたり、その時々の幼く可愛い姿を懐かしく思います。

内親王としての生活には、多くの恩恵と共に、相応の困難もあり、清子はその一つ一つに、いつも真面目に対応しておりました。制約をまぬがれぬ生活ではありましたが、自分でこれは可能かもしれないと判断した事には、慎重に、しかしかなり果敢に挑戦し、控え目ながら、闊達に自分独自の生き方を築いてきたように思います。穏やかで、辛抱強く、何事も自分の責任において行い、人をそしることの少ない性格でした。

今ふり返り、清子が内親王としての役割を果たし終えることの出来た陰に、公務を持つ私を補い、その不在の折には親代りとなり、又は若い姉のようにして清子を支えてくれた、大勢の人々の存在があったことを思わずにはいられません。私にとっても、その一人一人が懐かしい御用掛《ごようがかり》や出仕の人々、更に清子の成長を見守り、力を貸して下さった多くの方々に心からお礼を申し上げたいと思います。

清子の嫁ぐ日が近づくこの頃、子どもたちでにぎやかだった東宮御所の過去の日々が、さまざまに思い起こされます。

浩宮（東宮）は優しく、よく励ましの言葉をかけてくれました。礼宮（秋篠宮）は、繊細に心配りをしてくれる子どもでしたが、同時に私が真実を見誤ることのないよう、心配して見張っていたらしい節《ふし》もあります。年齢の割に若く見える、と浩宮が言ってくれた夜、「本当は年相応だからね」と礼宮が真顔で訂正に来た時のおかしさを忘れません。そして清子は、私が何か失敗したり、思いがけないことが起こってがっかりしている時に、まずそばに来て「ドンマーイン」とのどかに言ってくれる子どもでした。これは現在も変わらず、陛下は清子のことをお話になる時、「うちのドンマインさんは……」などとおっしゃることもあります。あののどかな「ドンマーイン」を、これからどれ程懐かしく思うことでしょう。質問にあった「贈る言葉」は特に考えていません。その日の朝、心に浮かぶことを清子に告げたいと思いますが、私の母がそうであったように、私も何も言えないかもしれません。

❖平成十八年

問1　秋篠宮ご夫妻に41年ぶりの親王となる悠仁さまが誕生されました。紀子さまにとりましては「部分前置胎盤」を乗り越え帝王切開による出産となりました。皇后さまは母として、祖母としてどのようなお気持ちでご一家を見守られたのか、具体的なエピソードも交えお聞かせください。悠仁

さまのご成長への願いや皇位継承者としての教育のあり方についても合わせてお聞かせください。

皇后陛下　懐妊の報《しら》せを喜ぶとともに、11年振りに身重となる秋篠宮妃の上を思い、無事の経過を願わずにはいられませんでした。出産までの過程には、部分前置胎盤という予想外の事態もありましたが、関係者の手厚い保護のもと、危険を避けることができたことは幸せなことでした。

私が初めて子どもを授かった40数年前、前置胎盤は非常に恐れられていた状態でした。特に当時まだ20代半ばであった私は、お産は太古も今もそう変わるはずはないという思いから、その頃より更に一時代前、母が読んだという、安井修平先生の書かれたお産関係の本1冊を唯一の参考書にしておりましたので、その本で読んだ前置胎盤の怖い記述が思いだされ、大層心配いたしました。現在も危険の可能性こそ変わりませんが、その後の医学の進歩により、安全なお産に導いていただけることを知らされ、安堵《あんど》いたしました。私が秋篠宮妃を「気丈」と評したのは本当?と、最近よく尋ねられるのですが、もし私がそう思い、周囲の人にも洩《も》らしたとすれば、それは懐妊の報《しら》せを受けた時ではなく、この前置胎盤と、それに伴う帝王切開のことを、宮妃が穏やかに、むしろのんびりとした口調で電話で伝えてきた時のことであったと思います。

「悠仁の成長への願いは」という質問ですが、悠仁はまだ本当に小さいのですから、今はただ、両親や姉たち、周囲の人々の保護と愛情を受け、健やかに日々を送ってほしいと願うばかりです。「教育のあり方」についての質問ですが、敬宮の生まれた時にもお答えしたと同様、まず両親の意向を聞き、それを私も大切にしつつ、見守っていきたいと考えています。

なお、教育ということに関し、時々引用される「ナルちゃん憲法」ですが、これは私が外国や国内を旅行する前などに、長い留守を預かる当時の若い看護婦さんたちに頼まれ、毎回大急ぎで書き残したメモのたまったものに過ぎず、「帝王学」などという言葉と並べられるようなものでは決してありません。小児科医であった佐藤久東宮侍医長が記した「浩宮さま」という本により、このメモのことが知れたと思われますが、本来は家庭の中にとどまっているべきものでした。たしか佐藤医師もこの本のどこかで、このようなメモは別とし、私が浩宮の教育に関し最も大切に考えていたのは、昭和天皇と今上陛下のお姿に学ぶことであったと述べていたのではないかと思います。

問2　皇太子ご一家が雅子さまの療養を兼ねオランダを訪問されました。今回の静養をどのように受け止められましたでしょうか。公務への復帰を目指す雅子さまを見守るお気持ちとともに、愛子さまのご成長ぶりをどのように感じておられるかもお聞かせください。

皇后陛下　この度のオランダ訪問は、東宮東宮妃共にこれをよしと考え、さらに治療に当たる専門医の薦めがあって実現いたしました。東宮職、本庁の幹部も、皆この計画を真剣にとり進める意向で一致いたしましたので、陛下と私もこれを支持し、一家、わけても東宮妃が、この滞在を元気に過ごすことを念じ旅立ちを送りました。

帰国後、東宮と妃より、感謝の言葉と共に、滞在が素晴らしいものであったことを聞き、また、多くの方が、この旅行後、東宮妃の健康状態に改善が見られるように思う、と語られるのを耳にし、安堵《あんど》し、嬉しく思いました。ベアトリックス女王陛下が、ご家族と共に東宮の３人をあのように温かく迎えてくださったことを、深く感謝しております。

東宮妃の公務復帰については、専門医の診断を仰ぎながら、妃自身が一番安心できる時を待って行われることが大切だと思います。あせることなく、しかし、その日が必ず来ることに希望をもって、東宮妃も、また東宮も、それまでの日々、自分を大切にして過ごしてほしいと祈っています。

敬宮は、背もすくすくと伸び、おさげ髪のよく似合う女の子になりました。今年はもう着袴《ちゃっこ》の儀を迎えます。男の子の着袴《ちゃっこ》姿もそうですが、女児の裳着《もぎ》の姿も本当に愛らしく、清子、眞子、佳子のそれぞれの裳着の姿や所作は、今も目に残っています。

今年4月、幼稚園の服装で訪ねて来た日には、肩かけカバンや手さげの中から、一つ一つハンカチや出席ノートなど出して見せてくれました。この次に会う時には、きっと運動会や遠足の話をしてくれるでしょう。楽しみにしています。

問3　天皇陛下は昨年の記者会見で女性皇族の役割の重要性に触れられ、皇后さまをはじめ各妃殿下方もそれぞれの役割を担ってこられました。現在のところ20代以下の若い皇族は悠仁さまを除きみな女性皇族になりますが、そうした次々代を担う女性皇族にどのような役割や位置付けを期待されますでしょうか。お聞かせください。

皇后陛下　皇室典範をめぐり、様々に論議が行われている時であり、この問に答えることは、むずかしいことです。特に「次々代を担う女性皇族の位置付けをどのように期待するか」ということは、皇位継承の問題に直接関係することであり、私が今このことにつき、何らかの期待を述べる立場にあるとは考えておりません。「役割」についても、個人一人一人が置かれる「位置」と分かち難くあるものですので、このことについてもこの度これに触れることは控えます。

◆平成十九年

問1　皇太子ご夫妻の長女愛子さまは来春小学校

ご入学の予定で、バスや電車に乗るなど社会体験の機会も増えています。また秋篠宮ご夫妻の長男悠仁さまは1歳の誕生日を過ぎて健やかに成長され、眞子さま佳子さまのお姉さまぶりも紀子さまにとって大きな励みとお聞きします。お孫さまたちの成長ぶりをご覧になり、ご自身の育児体験を振り返りながらの感想とアドバイス、両家との交流の様子などをお聞かせください。

皇后陛下　4人の孫がそれぞれ両親の許で、健やかに成長していることを嬉しく思っています。眞子、佳子は今年共に高校、中学に進学し、愛子ももう来年は初等科に上がります。悠仁も元気に成長し、この9月には満1歳になりました。前置胎盤の状態で出産の日を迎える秋篠宮妃を案じつつ、東京からの報せを待った旅先の朝のことが、つい先頃のことのように思い出されます。

　私自身の育児体験をふり返り、孫たちの成長ぶりに感想やアドバイスを、との質問ですが、もうずい分以前のことですので……

　ただ、祖母として幼い者と接する喜びには、親として味わったものとも違う特別のものがあること、また、これは親としても経験したことですが、今、また祖母という新しい立場から、幼い者同士が遊んだり世話しあったりする姿を見つめる喜びにも、格別なものがあるということは申せると思います。愛子は、眞子や佳子と遊ぶ時、大層楽しそうですし、眞子と佳子も、愛子を大切に大切にしながらも、大人とは異なる、子ども同士でのみ交せる親しさをこめて相手をしています。悠仁に対しても、2人の姉たちが、丁度小さなおかあさんのように気遣いつつ、しかも十分に手加減を知った無造作さで、抱いたり着がえさせたりしている姿や、小さな愛子が、自分より更に小さい悠仁の傍でそっと手にさわっていたりする姿を、本当に好もしく可愛く思います。

　先日、朝の散歩の折に、小さなジュズダマの茂みを見つけ、戦争中疎開先で遊んだことを思い出し、陛下とご一緒に少し実を採りました。毎年集めると、いつか針の持てるようになった愛子と、首飾りを作って遊べるかもしれません。自然との交わり、折紙や綾取りのように古い遊びなど、私の方から教えてやれるものもありますが、孫たちから教えてもらうもの—例えば、私は陛下がお止めになったのでいたしませんでしたが、一輪車の乗り方など—もあり、こうした幼い人たちとの交わりは楽しく、これからも互いに時を見つけ、会う機会を作っていかれれば嬉しいことと思います。

問2　皇太子さまは6月、十二指腸ポリープ切除手術を受けられました。皇太子妃雅子さまは奈良県や長野県での泊まりがけ公務など、この1年で活動の幅を大きく広げられましたが、宮中祭祀などへの復帰は果たされていません。皇后さまはどのようなときに妃殿下の回復ぶりを実感されていますでしょうか。お二人を見守った感想とともに次代を担うお二人がまず何に取り組むことが大切なのか、お気持ちをお聞かせください。

皇后陛下　十二指腸のポリープの手術には、細心の注意が必要とされると聞き、大層心配いたしましたが、医療関係者により、全てを無事に運んで頂き、有難いことでした。モンゴルへの旅も無事に終え、その後も障りなく過ごしており、ホッとしています。

　東宮妃の快復についても感想が求められており、また、今後二人がまず何に取り組んでいくことが大切かとのお尋ねもありますが、東宮妃がせっかく快方に向かっていると思われる今は、ただ、妃の快復を祈り、見守り支えていきたいと考えています。

問3　この1年国内外で起きたことで、皇后さまにとって特に印象に残ったことをお聞かせください。皇后さまは昨年に続き草津での音楽祭でレッスンに臨まれ、世界の著名な音楽家と一緒に演奏をされましたが、皇后さまの人生にとって音楽はどのような存在なのでしょうか。また以前からの興味に加え、新たな関心事や趣味があればお聞かせください。

皇后陛下

［1.］ⅰ・3月の能登半島地震、7月の新潟県中越沖地震。局地的に日本の各地を襲った暴風雨や竜巻（昨年11月）。長く暑かった夏。地球上におこる様々な異常な現象と関連し、地球温暖化が、取り組むべき緊急な課題となって来ていることを感じます。

　ⅱ・少子高齢化が進む中で、年金問題、介護問題等に対し、人々の関心が切実であること。

　ⅲ・人々の生活の意外に身近なところに危険があることを示す事例が多く、生活の様々な分野における安全性の問題が問われていること。このことにも関連し、各地の病院で現在おこっている医師不足、とりわけ産婦人科医の減少。出産に臨む女性の安全がどのように確保出来るかを深く案じます。

　ⅳ・ハンセン病者に在宅医療の道をひらかれた沖縄愛楽園名誉園長の犀川一夫さんを始め、宮内庁参与の平岩外四さん、気象学者で女性科学者の育成と地位向上に尽くされた猿橋勝子さん、日本の分子生物学の先駆者であり、多くの子弟の研究を導き支えられた渡邊格《いたる》さん等、懐かしい方々の訃報。

「焼き場に立つ少年」と題する写真

　ⅴ・今年8月の新聞に、原爆投下後の広島・長崎を撮影した米国の元従軍カメラマンの死亡記事と並び、作品の一つ、「焼き場に立つ少年」と題し、死んだ弟を背負い、しっかりと直立姿勢をとって立つ幼い少年の写真が掲載されており、その姿が今も目に残っています。同じ地球上で今なお戦乱の続く地域の平和の回復を願うと共に、世界各地に生活する邦人の安全を祈らずにはいられません。

［2.］細々とながら音楽を続けて来た過去の年月が最初にあり、気がついた時には、音楽が自分にとって、好きで、また、大切なものとなっていたということでしょうか。十分な技術を持たない私が、内外の音楽家の方たちとの合奏の機会を持てるということは過分な恩恵ですが、美しい音に囲まれた中で自分の音を探っていくという、この上なく楽しい練習をさせて下さる方々の友情に感謝しつつ、一回毎の機会をうれしく頂いています。

［3.］新しいということではなく、これまでの関心につながるものですが、来年はブラジルの日系移住者の移住100周年に当たります。この度は残念ながら現地にはまいれませんが、日本にあって、陛下とご一緒にこれまでの各国への日系移住者の苦労を思い、移り住んだ国々で、人々が幸せであるよう、祈りたいと思います。それと共に、当時から100年を経た今、日本に生活する30万を超えるといわれる南米からの移住者たちが、ふるさとを離れて住む困難をよく克服し、日本の社会に温かく受け入れられていくよう願いつつ、心を寄せていきたいと思っています。

❖――平成二十年

問1　今年になって、天皇陛下が、骨粗しょう症の恐れがあると診断され、皇后さまも体調を崩されました。日頃から健康面で心がけられていることやお二人のこれからの生活スタイルについてのお考えなどをお聞かせ下さい。皇太子妃雅子さまの静養が5年目に入り、皇后さまは昨年の宮内記者会の質問に対して〝妃の快復を祈り、見守り支えていきたい〟とお答えになりました。特に、心配りされていることはございますか。最近の雅子さまの快復のご様子とあわせてお聞かせ下さい。

皇后陛下　陛下の御手術からもう6年近くが経ちました。残念なことに、術後再びPSAの数値が上昇し、ホルモン療法が始められ、今も続いています。最近の医師の発表にもありましたように、この療法は癌をおさえますが、骨や筋肉に負の影響を与えます。歩くことや運動をすることで、これを防ぐことが大切だと教わりましたが、こうしたことをご一緒にすることで、私の健康も維持されることと思います。これまで通り早朝の散策を続けていますが、陛下のご運動の量をもっとふやすよう指示を受けています。

後半の皇太子妃の健康についての質問ですが、東宮職より、こうした質問が出されることが妃の快復にとり望ましくない、という医師団の見解が発表されており、私の回答も控えるべきことと思います。ただ、妃は皇太子にとり、また、私ども家族にとり、大切な人であり、「妃の快復を祈り、見守り、支えていきたい」という、私の以前の言葉に変わりはありません。

問2　今年、皇太子家の愛子さまが小学生になられ、秋篠宮家の悠仁さまが2才になられるなど4人のお孫さまはいずれも健やかに成長されていります。間近でお会いになり印象に残っている出来事などを交えながら、それぞれご感想をお聞かせ下さい。今年に入ってから以前に比べて、皇太子ご一家が御所に参内になられる機会が増えているように見受けられますが、どのように受け止められていますか。

皇后陛下　私どもの子供たちが、順々に初等科に入学し卒業していってから、まだそれほど年月が経ったとも思われませんのに、その子どもである眞子や佳子が既に初等科を卒業し、今年は愛子の入学という嬉しい年になりました。悠仁も健やかに成長し、9月には2歳の誕生日を迎えました。この頃愛子と一緒にいて、もしかしたら愛子と私は物事や事柄のおかしさの感じ方が割合と似ているのかもしれないと思うことがあります。周囲の人の一寸した言葉の表現や、話している語の響きなど、「これは面白がっているな」と思ってそっと見ると、あちらも笑いを含んだ目をこちらに向けていて、そのような時、とても幸せな気持ちになります。

思い出して見ると、眞子や佳子が小さかった頃にも、同じようなことが、度々ありました。今記憶しているのは、一緒に読んでいた絵本の中の「同じ兎でも並の兎ではありません」という言葉を眞子が面白がり、ひとしきり「ナミの何か」や「ナミでない何か」が家族の間ではやったことです。佳子も分からないなりに口真似をして嬉しそうに笑っており、楽しいことでした。

悠仁とは9月の葉山で数日を一緒に過ごしました。今回は陛下が久しぶりに海で二挺艪の和船を漕がれ、悠仁も一緒に乗せて頂きましたが、船を海に押し出す時の漁師さんたちのにぎやかなかけ声、初めて乗る船の揺れ等に、驚きながらも快い刺激を受けたのか、御用邸にもどって後、高揚した様子で常にも増して活々と動いたり、声を出したりしており、その様子が可愛いかったことを思いだします。

東宮や秋篠宮家の参内についてですが、それぞれの家庭にその時その時の事情があり、私どもの日程もかなり混んでいて調整の難しいこともありますが、今後も双方の事情が許す時には出来るだけ会えるとうれしいと思います。

問3　この1年は、有害物質を含む食品が流通して食の安全が脅かされたり、子どもが犠牲になる事件が相次いだりして、国民が不安になる出来事が多かった一方、北京オリンピックでの日本選手の活躍など明るい話題もありました。この1年を振り返って、特に、気にかけられたり、印象に残ったりした出来事について、お聞かせ下さい。

皇后陛下　この1年、有害物質を含む食品や事故米の流通を初めとし、食品の安全性に不信を抱かせられる事件が多く、加えて燃料費の高騰や年金に対する不安もあり、心配なことの多い年でした。米国の金融不安は今も進行中であり、その日本経済に及ぼす影響は多くの人の案ずるところであると思います。

自然災害では、岩手・宮城内陸地震の被害と共に、夏、神戸市都賀川の川べりで、突然の増水により、川遊びをしていた子どもらが亡くなった事故が忘れられません。

岩手・宮城内陸地震の災害情報を得る中で、死者・行方不明者が集中した宮城県栗原市の耕英地区が、戦後、旧満州から引き揚げ、この地に入植した人たちにより、原生林を切り開いて作られた開拓地であったことを知りました。長い苦労の末やっと安住した土地を離れ、今避難所に暮らす人々の淋しさを思わずにはいられません。この人々を含め、今回両県や近県で被災した人々の上に、少しも早く平穏な日々の戻ることを願っています。

わが国ばかりでなく、ミャンマーや中国も、サイクロンや地震により大きな被害を受けました。いち早く中国の被災地に入った日本の国際緊急援助隊の活動を有難く思います。

イラク、アフガニスタン、スーダンなどで紛争が続く中、今年8月、ロシア、グルジア間に武力紛争が勃発し、多数の死者が出たことは大きな事件でした。又、この同じ月に、日本のペシャワール会々員の伊藤和也さんがアフガニスタンで拉致され、生命をおとされました。残念で悲しい出来事として記憶に残っています。

4月に石井桃子さんが101歳で亡くなりました。創作、翻訳、評論、編集、児童図書館や文庫の活動等、文学、とりわけ児童文学の幅広い分野で貢献を果たした先達を追悼いたします。

喜ばしい出来事も決して少なくはありませんでした。

4月には日本で、6月にはブラジルで、移民100周年が盛大に行われ、日伯関係が改めて強い絆を確認しつつ、新しい一歩を踏みだしました。

地震の被害でほぼ全村民が、一時離村した新潟県の旧山古志村でも、約7割がこれまでに帰村し、この9月には、一昨年の三宅島、昨年の玄界島の時と同じように、陛下とご一緒に村を訪ね、その復興の様子を見ることが出来ました。

10月に入り、南部陽一郎さん、小林誠さん、益川敏英さん3方の、そしてその翌日には下村脩さんのノーベル賞受賞が発表されました。同じ科学の分野で、京都大学の山中伸弥教授が新型の万能細胞を、癌化の恐れがあるウィルスを使わずにつくることに成功されたことも、素晴らしいニュースでした。

北京五輪では、何よりも前回のアテネで入賞し、4年後の今回再び栄誉に輝いた人たちの、この間の計り知れない努力に敬意を表します。期間中、実況やニュースで時間の許す限り競技を見ました。今回は特に陸上の男子400メートル・リレーや、水泳の男子400メートル・メドレーで、走者や泳者が交代する時の引継ぎの巧みさと、チームの持つ強い一体感に感銘を受けました。

又、五輪の関係ではありませんが、同じスポーツ分野で記憶に残っていることに、野茂投手と王監督の引退がありました。それぞれが日本の球史に残された足跡を思い、今後も元気に過ごされるよう願っています。

尚、昨年、陛下とご一緒に訪れた滋賀の紫香楽宮の宮址から、万葉集などでよく知られた2首の歌を記した木簡が出土したことは、非常に興味深いことでした。発掘作業の素晴らしい成果であったと思います。

❖——平成二十一年

この1年を顧みて——お誕生日ご感想

丁度昨年の今頃、世界的な金融危機が生じ、日本においても経済の悪化に伴い、大勢の人々が困難な状況に置かれました。職や居住の場所を失ったり、進学の道を閉ざされ、あるいは就職の内定を取り消された人々も多く、この1年、最も案じられたことでした。また、今年前半に発生した新型インフルエンザが、世界規模で広がる可能性を見せており、寒い季節に入るこれから、少しでもこのことによる被害が小さく抑えられるよう願っています。

今年は裁判員制度の導入で、司法界に注目が集まると共に、政権交代という、政治上の大きな変化のあった年でもありました。米国においても政権が変わり、着任から程なく、オバマ大統領のプラハでの演説があり、その中で核兵器廃絶に向ける大統領の強い決意が表明されました。そして今月、ノーベル財団は他の要因も含め、この大統領のとった率先的役割に対し、今年度のノーベル平和賞を贈り、この行動に対する共感と同意を表しました。核兵器の恐ろしさは、その破壊力の大きさと共に、後々までも被爆者を苦しめる放射能の影響の大きさ、悲惨さにあり、被爆国である日本は、このことに対し、国際社会により広く、より深く理解を求めていくことが必要ではないかと考えています。

アフガニスタンで農業用水路を建設中、若い専門家がテロリストにより命を奪われてから1年が過ぎ、去る8月には故人が早くより携わっていたその工事が遂に終わり、アフガン東部に24キロに及ぶ用水路が開通したとの報に接しました。水路の周辺には緑が広がっているといい、1971年、陛下と御一緒にこの国を旅した時のことも思い合わせ、やがてここで農業を営む現地の人々の喜びを思いつつ、深い感慨を覚えました。

今年は陛下の御成婚50年と御即位20年の、それぞれ節目の年にあたり、4月には国内の大勢の方々に、又、7月に訪れたカナダやハワイでも、お会いした多くの方々に金婚を祝って頂き、うれしゅうございました。秋の御即位20年を、陛下がお元気にお迎えになり、御即位に関連する様々なお行事が、滞りなく行われますことを、家族の皆と共に願っています。

【参考】

従来、皇后陛下は、お誕生日に際して、宮内記者会から出された質問に対してご書面によってご回答なさっておられました。しかしながら、本年は、4月にご結婚満50年に際しての記者会見を両陛下でなさり、さらに来月早々には、天皇陛下ご即位20年に際しての記者会見を両陛下がなさる予定ですので、ご負担の軽減をお願いするという観点から、これら2つの記者会見に加えて、さらにお誕生日に際しても、記者会の質問に対するご書面でのご回答を皇后陛下にお願いすることは、差し控えることにいたし、その代わりに、皇后陛下に、この1年を顧みたご感想をお記しいただきました。

平成二十二年

問1　今年に入り、天皇陛下は2月に急性腸炎、6月には風邪を召され、皇后さまは9月に「咳喘息の可能性が高い」との診断結果が発表されました。両陛下は今夏のご静養から戻られて以来、連日の外国赴任大使の拝謁と大使夫妻とのご接見、千葉県、奈良県への行幸啓など、公務でお忙しい日々が続いています。ご高齢になられる両陛下の健康管理と、公務のあり方についてどのようにお考えでしょうか。お聞かせください。

皇后陛下　陛下や私の健康については、医務主管を始めとし、侍医たちが常に注意をし、また、専門性の高い分野のことについては、外部の専門家ともよく連絡を取り合ってくれていますので、この頃は、ささいなことも侍医に報告し、指示を受けるようにしています。

公務については、陛下が今は特に変更の必要はないと思うと仰せですので、私もその御方針のようにしてまいりたいと思います。同じ量の御公務でも、日程や時間の組み立て方などの工夫で、少しでもお体に無理なくお仕事がお出来になるよう願っています。

私自身は、これまで比較的健康に恵まれて来ましたが、この数年仕事をするのがとてものろくなり、また、探し物がなかなか見つからなかったりなど、加齢によるものらしい現象もよくあり、自分でもおかしがったり、少し心細がったりしています。

心身の衰えを自覚し、これを受け入れていくことと、これに過度に反応しすぎないこととのバランスをとっていくことは容易ではなく、自分が若かった頃、お年を召した方々が「この年になってみないと分からないことがいろいろあるのよ」とよく云っておられたことを、今にして本当にその通りだと思います。

問2　皇后さまは昨年、天皇陛下のご即位20年に際しての記者会見で、皇室の将来について「これからの世代の人々の手にゆだねたいと思います」とお答えになりました。次世代を担う皇太子ご夫妻、秋篠宮ご夫妻、その次の世代の4人のお孫さまとの交流を通じてのご感想や、それぞれの世代に期待されることをお聞かせください。皇太子家の愛子さまは、雅子さまに付き添われての通学が続き、両陛下もご心配されているとうかがっています。皇后さまは愛子さまの通学の現状をどのように受け止められていますか。

皇后陛下　3人の子どもが育つ過程で、ある日急に子どもが自分を越えていることに気付き、新鮮な喜びを味わった折々のことを今もよく思い出します。テニスコートで私にはとても出来ない上手なヴォレーやスマッシュをしていたり、一つの学問を急に深めていたり、私もこのような歌が詠めたらと思うよい和歌を作っていたり等―その一つ一つは、ごく小さなことであったかもしれませんが、親にとっては感慨深いものであり、未来への希望を与えてくれるものでした。悩むことも、難しいと思うことも多かった子育ての日々にも、こうした喜びを時々に授かりながら、私どももやがて、それぞれの子どもの成年を祝い、結婚し独立していくのを見送りました。末の清子は民間に嫁いで皇室を離れ、上の二人も、もう私どもの手許にはおりませんが、東宮、秋篠宮二人ともが、あの幼い日や少年の日に見せてくれた可能性の芽を、今も大切に育て続けていることを信じています。

　陛下はお若い頃から、「あり方」ということを大切にお考えになり、いつもご自分が「いかにあるべきだろうか」、とお考えになりつつ、そこから「何をするか」を紡ぎ出していらしたように思います。将来、二人の兄弟やその家族が、それぞれの立場で与えられた役割を果たしていく時、長い年月にわたり、皇室のあり方、ご自身のあり方を求めて歩まれた陛下のお姿が、きっと一つの指針となり、支えとなるのではないかと思っています。

　この度東宮、秋篠宮それぞれの家族につき質問がありましたが、今、東宮一家が健康や通学の問題で苦しんでおり、身内の者は皆案じつつ、見守っています。東宮家、秋篠宮家の家族を私はこの上なく大切なものに思っており、その家族一人一人の平穏を心から祈っています。

問3　この1年、サッカーのワールドカップでの日本代表の活躍など明るい話題の一方で、相次ぐ子どもの虐待事件、高齢者の所在不明問題など、家族のきずなが失われてしまったことが背景にあるような出来事もありました。1年を振り返り、印象に残ったことについて、お聞かせください。

皇后陛下　今年も沢山の印象に残る出来事がありましたが、そのうちの幾つかを記します。

1・宮崎県の口蹄疫

終息が宣言されるまでに29万頭に近い牛や豚が処分され、それまで家族のように大切にして来た動物たちを、あの様な形で葬らなければならなかった宮崎県の人々の強い悲しみに思いをいたしています。また、この度の事件を通し、口蹄疫を発見、確認し、それを報告する任務を負う人々の辛さや、ワクチン接種に始まり、動物たちの殺処分にたずさわる人々の心身の労苦についても深く考えさせられました。

2・小惑星探査機「はやぶさ」の無事の帰還

3・高齢者の所在不明問題

4・酷暑の夏

5・鈴木章、根岸英一両博士のノーベル化学賞受賞

国外の出来事としては、ハイチ、中国、パキスタン等で起きた大きな自然災害、チリ鉱山における落盤事故等。チリの事件では、日本でもかつてあった炭坑での悲しい事故を思い出し、地下作業の怖さと安全対策の重要性を思いました。この度、過酷な状況のもと、規律をもって長期の地下生活に耐え、何よりもその間、希望を捨てずに救出を待った作業員たちの精神力は素晴らしく、チリの人々はそのことをどんなに誇らしく思いつつ救出の成功を祝ったことでしょう。

井上ひさしさん、梅棹忠夫さん、河野裕子さん、森澄雄さん、日本で盲導犬第1号を育てられた塩屋賢一さん等今年も多くの方々が去っていかれ、改めてその方々の残していって下さったものに思いをいたしています。

梅棹さんには若い頃から度々にお会いし、いつもお話を楽しくうかがっておりました。河野さんの和歌は、歌壇の枠を越え、広く人々に読まれ、愛されていたと思います。すでに闘病中であったにもかかわらず、今年の歌会始で、ご自分の歌が披講されているあいだ凛として立っておられた姿を今も思い出します。

❖──平成二十三年

問1　今年は3月に東日本大震災、福島第一原発事故が起き、9月には台風災害として平成に入り最悪となった台風12号による豪雨被害にも見舞われました。一方、女子サッカーの「なでしこジャパン」がワールドカップ優勝の快挙を成し遂げるなど、震災後の日本を勇気づける明るい出来事もありました。この1年を振り返ってのご感想をお聞かせください。特に、甚大な被害をもたらした今回の大震災をどう受け止め、天皇陛下とともに慰問された被災地ではどんなことをお感じになりましたか。震災当日の天皇、皇后両陛下のご様子もお聞かせください。

皇后陛下　今年は日本の各地が大きな災害に襲われた、悲しみの多い年でした。3月11日には、東日本で津波を伴う大地震があり、東北、とりわけ岩手、宮城、福島の3県が甚大な被害を蒙りました。就中福島県においては、この震災に福島第一原発の事故が加わり、放射性物質の流出は周辺の海や地域を汚染し、影響下に暮らす人々の生活を大きく揺るがせました。大震災の翌日である3月12日には、長野県栄村でもほぼ東北と同規模の地震があり、これに先立つ2月22日には、ニュージーランドにおいても、地震により、多くの若い同胞の生命が失われました。

豪雨による災害も大きく、7月には新潟、福島の両県が、9月の台風12号では、和歌山、奈良の両県が被災しました。災害に関する用語、津波てんでんこ、炉心溶融、シーベルト、冷温停止、深層崩壊等、今年ほど耳慣れぬ語彙が、私どもの日常に入って来た年も少なかったのではないでしょうか。

2万人近い無辜の人々が悲しい犠牲となった東北の各地では、今も4千人近い人々の行方が分かりません。家を失い、或いは放射能の害を避けて、大勢の人々が慣れぬ土地で避難生活を送っています。犠牲者の遺族、被災者の一人一人が、どんなに深い悲しみを負い、多くを忍んで日々を過ごしているかを思い、犠牲者の冥福を祈り、又、厳しい日々を生き抜いている人々、別けても生活の激変に耐え、一生懸命に生きている子どもたちが、1日も早く日常を取り戻せるよう、平穏な日々の再来を祈っています。

この度の大震災をどのように受けとめたか、との質問ですが、こうした不条理は決してたやすく受け止められるものではなく、当初は、ともすれば希望を失い、無力感にとらわれがちになる自分と戦うところから始めねばなりませんでした。東北3県のお見舞いに陛下とご一緒にまいりました時にも、このような自分に、果たして人々を見舞うことが出来るのか、不安でなりませんでした。しかし陛下があの場合、苦しむ人々の傍に行き、その人々と共にあることを御自身の役割とお考えでいらっしゃることが分かっておりましたので、お伴をすることに躊躇はありませんでした。

災害発生直後、一時味わった深い絶望感から、少しずつでも私を立ち直らせたものがあったとすれば、それはあの日以来、次第に誰の目にも見えて来た、人々の健気で沈着な振る舞いでした。非常時にあたり、あのように多くの日本人が、皆静かに現実を受けとめ、助け合い、譲り合いつつ、事態に対処したと知ったことは、私にとり何にも勝る慰めとなり、気持ちの支えとなりました。被災地の人々の気丈な姿も、私を勇気づけてくれました。3月の20日頃でしたか、朝6時のニュースに郵便屋さんが映っており、まばらに人が出ている道で、一人一人宛名の人を確かめては、言葉をかけ、手紙を配っていました。「自分が動き始めたことで、少しでも人々が安心してくれている。よい仕事についた。」と笑顔で話しており、この時ふと、復興が始まっている、と感じました。
　この時期、自分の持ち場で精一杯自分を役立てようとしている人、仮に被災現場と離れた所にいても、その場その場で自分の務めを心をこめて果たすことで、被災者との連帯を感じていたと思われる人々が実に多くあり、こうした目に見えぬ絆が人々を結び、社会を支えている私たちの国の実相を、誇らしく感じました。災害時における救援を始め、あらゆる支援に当たられた内外の人々、厳しい環境下、原発の現場で働かれる作業員を始めとし、今も様々な形で被災地の復旧、復興に力を尽くしておられる人々に深く感謝いたします。

　この度の災害は、東北という地方につき、私どもに様々なことを教え、また、考えさせました。東北の抱える困難と共に、この地域がこれまで果たしてきた役割の大きさにも目を向けさせられました。この地で長く子どもたちに防災教育をほどこして来られた教育者、指導者のあったことも、しっかりと記憶にとどめたいと思います。今後この地域が真によい復興をとげる日まで、陛下のお言葉のように、この地に長く心を寄せ、その道のりを見守っていきたいと願っています。

（震災の日の陛下と私の様子をとのことですが、事後の報道にあったことに、特に加えることはありません。）

　この1年の世界の出来事で、特に印象に残るものとして、チュニジアのデモに端を発し、エジプト、リビア始めアラブ世界の各国に波及した「アラブの春」の動きがありました。なお、案じられることとして、タイをはじめ近隣の国々で今も続いている豪雨災害があります。

　9月、日本とのつながりの深いケニアのマータイさんがなくなりました。丁度日本訪問の思い出をつづったお便りと共に、長く関わってこられた植樹活動のＤＶＤが手許に届けられた直後の訃報でした。そして、10月には、「アラブの春」よりも早く、非暴力をもって独裁に対し、人権や平和のための活動を続けてきたアフリカ、中近東の3人の女性に、ノーベル平和賞の授与が発表されました。

　恵まれぬ環境下で、長く努力を重ねてきた女子サッカーチーム「なでしこ」のワールドカップ優勝、美しい演技で知られる日本体操チームの世界選手権での活躍、魁皇関の立派な記録達成等、今年のスポーツ界には、うれしいニュースが続きました。園遊会に出席の佐々木監督と澤選手は、あの日どんなに大勢の人から喜びの言葉をかけられたことでしょう。大きな魁皇関は、芝生の斜面に笑顔でゆったりと立っておられました。

　この1年間にも各界は何人もの大切な方たちを失いました。このうち5月に亡くなった坊城俊周さんは、戦後間もなくより、兄上の俊民氏と共に、宮中の歌会始の諸役となられ、以来、長くこの務めに献身して下さいました。平和な今日と異なり、戦後の混乱期に、若い人々の手で伝統の行事を守り続けることには、想像を超えるご苦労があったと思われます。7月に亡くなられた冷泉布美子さんも又、戦中戦後を通し、長い歴史をもつ時雨亭文庫を守られ、冷泉家に伝わるさまざまな年中行事も、これをつぶさに今日に伝えられました。京都のお宅で、美しい七夕のお飾りを見せて頂いた日のことを懐かしく思い出します。

問2　4人のお孫さまは健やかに成長され、秋篠宮ご一家の長女眞子さまはまもなく二十歳となり、成年皇族になられます。皇太子ご一家、秋篠宮ご一家とは最近ではどのような交流をされ、どんな思いで接しておられますか。初めてのお孫さまが成年を迎えられることで、何か感慨はございますか。

皇后陛下　4人の孫たちは、秋篠宮家の上の二人、眞子と佳子が19歳と16歳、東宮の愛子が九つ、秋篠宮家の末の悠仁が五つになり、それぞれに個性は違いますが、私にとり皆可愛く大切な孫たちです。会いに来てくれるのが楽しみで、一緒に過ごせる時間を、これからも大切にしていくつもりです。

質問にもありましたように、今年は秋篠宮家の長女眞子が成人式を迎えます。思慮深く、両親が選んだ名前のように真直ぐに育ってくれたことを、嬉しく思っています。

問3　7月初旬に左の肩から腕に強い痛みを訴えられ、9月に痛みが再燃し、北海道訪問を取りやめられました。天皇陛下は2月、心臓の冠動脈に硬化や狭窄《きょうさく》が見つかり、治療を始められました。喜寿を迎えられたわけですが、両陛下の現在のご体調はいかがですか。両陛下の健康管理、公務のあり方についてはどのようにお考えですか。

皇后陛下　5、6年程前から、医師の警告を受けていた頸椎《けいつい》症より来る痛みが、7月初旬と9月初旬の2度にわたり発症し、幾つかの務めを欠いてしまいました。これまで比較的健康に恵まれてきましたが、この頃は加齢のためか、体に愉快でない症状が時折現れるようになり、その多くは耐えられないといったものではないのですが、日程変更の可能性を伴う時は症状を発表せねばならず、その都度人々に心配をかけることを心苦しく思っています。

8年前、前立腺の手術をお受けになった陛下は、今もホルモン療法をお受けになっており、そのことが骨や筋肉に及ぼす悪い影響は避けられません。薬をお摂りになる他、医師からは適度の運動も奨められており、私も毎朝の散策に加え、体調が許すようになりましたら、また以前のようにテニスコートにもお伴をしたいと願っています。この2月に冠動脈の狭窄《きょうさく》が見付かった結果、これに対応するための投薬も受けていらっしゃり、運動もあまり長時間はなさいません。陛下も私も、時に体におこる不具合に対処する一方で、今持っている体力があまり急速に衰えぬよう体に負荷をかけることも必要な、少ししんどい年令に来ているかと感じています。

陛下のお務めの御多忙がお体に障らぬよう、深くお案じ申し上げておりますが、他方、病気をお持ちの陛下が、少しも健康感を失うことなく、日々の務めに励んでいらっしゃるご様子を見上げますと、陛下の御日常が、ごく自然に公務と共にあるとの感も深くいたします。

人々のために尽くすという陛下のお気持ちを大切にすると共に、過度のお疲れのないよう、医師や周囲の人たちの意見も聞きつつ、常に注意深くお側にありたいと願っています。

❖――平成二十四年

問1　東日本大震災から約1年7カ月が経ちます。古里に帰れない被災者は多く、復興への道筋は簡単なものではありませんが、今年はロンドン五輪で日本選手団が大活躍し、日本を元気づけた年でもありました。皇室に関連しては、「女性宮家」の創設が政府で検討される中、皇太子ご夫妻の長女・愛子さまは、おひとりで元気に通学されるようになり、秋篠宮家では長女・眞子さまが英国留学され、来年には次女・佳子さまが大学進学をされる節目の年となります。長男・悠仁さまも小学校進学を控え、健やかに成長されています。この1年を振り返ってのご感想をお聞かせ下さい。

皇后陛下　東日本大震災からすでに1年7ヶ月が経ちましたが、質問にもありましたように、復興への道のりは険しく、被災した多くの人々が、今も各地で苦しい生活を余儀なくされています。痛ましいことに、災害以来これだけの月日が経っておりますのに、行方不明者の数は今も2千7百名を超え、家族の人々の長引く心労を思わずにはいられません。また、目に見えぬ放射能の影響下にある福島や周辺地域の人々の不安には、そこを離れて住む者には計り知れぬものがあると思われます。どうかこれらの人々が、最も的確に与えられる情報の許《もと》、安全で、少しでも安定した生活が出来るよう願うと共に、今も原発の現場で日々烈しく働く人々の健康にも、十分な配慮が払われることを願っています。

今年は4年に1度の五輪と障害者五輪がロンドンで開かれ、多くの日本選手が立派に活躍し、私どもに心楽しい興奮と、少し眠い数週間を贈って下さいました。被災地の人たちへの大きな贈り物でもあったでしょう。

この五輪の時期を含め、今年の7、8、9月は例年にも増して暑く、とりわけこのような高温に慣れぬ北海道や東北の人たちにとり、辛い夏であったと思います。集中豪雨も多く、昨年に引き続き西日本の各地が大きな被害に遭い、被災者の中には今なお避難生活を続けている人のあることを案じています。8月には南海トラフ巨大地震の被害想定が発表され、大災害の可能性の高いこの列島に住む私どもが、どんなに真剣に災害につき学び、かつ備えねばならないかを、深く考えさせられています。

皇室では、6月に三笠宮寛仁親王が薨去され、三笠宮同妃両殿下お始め、ご家族の皆様の深いお悲しみをおしのびいたしました。お若い女王殿下方が、どうか健やかにこれからの人生を歩まれますよう祈っております。

この1年の記憶に残る出来事の一つとして、先述の五輪、障害者五輪における日本選手の活躍と並び、スカイツリーの完成がありました。日曜日の朝、よく陛下と散策中に東御苑の本丸跡に登り、近くのビルの上に少しずつ姿を現し、やがて完成に向かう姿を見ておりました。関係者の細やかな注意により、高所で働く人の多いこの大工事が、大きな事故もなく終了したことに安堵と誇りを覚えます。

新しい横綱の誕生も、今年のよい報せでした。これまで一人横綱を懸命に務めて来た白鵬関の長い間の苦労を思っています。

世界の出来事としては、世界の人口が遂に70億に達したこと、打ち続く世界経済の不況と失業率の上昇、長引くシリアの内戦や各地のテロ、とりわけシリア内戦における日本の女性ジャーナリストの惜しまれる死などを記憶しますが、喜ばしく、又驚くべきニュースの一つとして、日本の学会もそのことに関わった、ヒッグス粒子の発見がありました。今から3年前の夏、何名かの日本のノーベル賞受賞者の方々のお招きにより、陛下のお供で筑波で開かれたアジア・サイエンス・キャンプに参加した折、ポスターセッションでこのヒッグスという珍しい言葉に何度か出会っており、十分に分からぬながらも「知ってる、知ってる」という感じで、一入《ひとしお》嬉しく思ったことでした。

この回答を書いております今、山中伸弥教授のノーベル医学・生理学賞受賞の嬉しいニュースが入ってまいりました。山中さんの許《もと》で、又、山中さんのこれからのご研究の上に、これから更に幾つもの業績が一つ一つ重ねられ、難病の患者方を始め、苦しむ多くの人々の幸せにつながっていくことを願っています。

問2　天皇陛下は昨年11月に気管支肺炎で入院され、今年2月には心臓の冠動脈バイパス手術を受けられました。皇后さまは献身的に付き添われ、大変ご心配になったと思います。当時のご心境や、具体的にどのようにお支えになられたかをお教えください。陛下は無事に回復され、英国ご訪問や被災地ご訪問など以前と変わらないペースで公務を続けていらっしゃる印象ですが、来年には80歳を迎えられ、健康面では今後一層の配慮が必要になります。お元気に公務を続けるために、両陛下はどのような健康管理をされていらっしゃいますか。

皇后陛下　2回にわたる御入院生活、とりわけ心臓の冠動脈バイパスの御手術の時は、不安でならず、只々お案じしつつお側での日々を過ごしておりましたが、全期間を通じ、東大、順天堂、二つの病院の医師方が、緊密な協力のもと全てを運んで下さいましたことは、有り難く、本当に心強いことでした。力を尽くして治療に当たって下さった医師や医療関係者に深く感謝すると共に、皇居や各地で陛下の御回復を祈って記帳して下さった方々を始め、心を寄せて下さった国内外の多くの方々に、心から御礼を申し上げます。

よい御手術をお受けになりましたのに、陛下には術後お食欲を失われ、結果的に胸水がいつまでも残り、御退院後2度にわたり、胸水穿刺《せんし》をお受けにならなければなりませんでした。一時は、これで本当によくおなりになるのだろうかと心配いたしましたが、少しずつ快方に向かわれました。そして執刀して下さった天野先生が御退院時に言われたとおり、春の日ざしが感じられるようになった頃から、御回復のきざしがはっきりと見えてまいりました。歩行が日増しにしっかりとおなりになり、3月にはご一緒に御所の門を出て、ノビルやフキノトウを摘みにいくこともできました。

何よりも安堵いたしましたのは、陛下が御入院の前から絶えずお口にされ、出席を望んでいらした東日本大震災1周年追悼式にお出ましになれたことでした。5月の御訪英も間ぎわまで検討が続けられたようでしたが、実現いたしました。ウィンザー城で御対面の女王陛下も日本の陛下もお嬉しそうで、お側でお見上げしながら、私もしみじみと嬉しゅうございました。

陛下や私の、これからの健康管理については、これからも医師や周囲の人々の助けを得、陛下の御健康を尚一層、注意深くお見守りしつつ、しかし全般的にはこれまでとさほど変わりなく過ごしていくことになると思います。

季節と共に美しく変化する自然に囲まれて日々を送ることが出来る幸せに感謝しつつ、時に痛かったり、不自由の感じられる体とも何とか折り合って、心静かにこれからの日々をお側で送ることが出来ればと願っています。

問3　宮内庁は4月、両陛下のご意向を受けて、土葬から火葬への変更を含めた喪儀方法の見直しを検討すると発表しました。生前にお決めになったことで時代の変化を感じ、自身や家族の人生の終え方について考えるきっかけになった国民も少なくありません。宮内庁幹部の会見では、両陛下が喪儀の簡素化を望むお気持ちがあることから検討が始められたと伺っております。また、皇后さまが陛下とご一緒の合葬の方式はご遠慮すべきだとお考えであることも伝えられています。ご喪儀の見直しについて、陛下とどのようなお話をしていらっしゃるのかお聞かせください。

＊質問3については、宮内庁としては、事柄が両陛下のご喪儀に関することであり、この問題に対

するお気持ちを皇后陛下のお誕生をご慶祝する日にお示しいただくことは適切ではないと判断し、別の機会にご回答いただき、お伝えすることとしました。

❖──平成二十五年

問1　東日本大震災は発生から2年半が過ぎましたが、なお課題は山積です。一方で、皇族が出席されたIOC総会で2020年夏季五輪・パラリンピックの東京開催が決まるなど明るい出来事がありました。皇后さまにとってのこの1年、印象に残った出来事やご感想をお聞かせ下さい。

皇后陛下　この10月で、東日本大震災から既に2年7か月以上になりますが、避難者は今も28万人を超えており、被災された方々のその後の日々を案じています。

7月には、福島第一原発原子炉建屋の爆発の折、現場で指揮に当たった吉田元所長が亡くなりました。その死を悼むとともに、今も作業現場で働く人々の安全を祈っています。大震災とその後の日々が、次第に過去として遠ざかっていく中、どこまでも被災した地域の人々に寄り添う気持ちを持ち続けなければと思っています。

今年は10月に入り、ようやく朝夕に涼しさを感じるようになりました。夏が異常に長く、暑く、又、かつてなかった程の激しい豪雨や突風、日本ではこれまで稀な現象であった竜巻等が各地で発生し、時に人命を奪い、人々の生活に予想もしなかった不便や損害をもたらすという悲しい出来事が相次いで起こりました。この回答を準備している今も、台風26号が北上し、伊豆大島に死者、行方不明者多数が出ており、深く案じています。世界の各地でも異常気象による災害が多く、この元にあるといわれている地球温暖化の問題を、今までにも増して強く認識させられた1年でした。

5月の憲法記念日をはさみ、今年は憲法をめぐり、例年に増して盛んな論議が取り交わされていたように感じます。主に新聞紙上でこうした論議に触れながら、かつて、あきる野市の五日市を訪れた時、郷土館で見せて頂いた「五日市憲法草案」のことをしきりに思い出しております。明治憲法の公布（明治22年）に先立ち、地域の小学校の教員、地主や農民が、寄り合い、討議を重ねて書き上げた民間の憲法草案で、基本的人権の尊重や教育の自由の保障及び教育を受ける義務、法の下の平等、更に言論の自由、信教の自由など、204条が書かれており、地方自治権等についても記されています。当時これに類する民間の憲法草案が、日本各地の少なくとも40数か所で作られていたと聞きましたが、近代日本の黎明期に生きた人々の、政治参加への強い意欲や、自国の未来にかけた熱い願いに触れ、深い感銘を覚えたことでした。長い鎖国を経た19世紀末の日本で、市井の人々の間に既に育っていた民権意識を記録するものとして、世界でも珍しい文化遺産ではないかと思います。

オリンピック、パラリンピックの東京開催の決定は、当日早朝の中継放送で知りました。関係者の大きな努力が報われ、東京が7年後の開催地と決まった今、その成功を心から願っています。

世界のあちこちで今年も内戦やテロにより、多くの人が生命を失い、又、傷つけられました。取り分けアルジェリアで、武装勢力により「日揮」の関係者が殺害された事件は、大きな衝撃でした。国内では戦後の復興期、成長期に造られた建造物の多くに老朽化が進んでいるということで、事故につながる可能性のあることを非常に心配しています。

この1年も多くの親しい方たちが亡くなりました。阪神淡路大震災の時の日本看護協会会長・見藤隆子さん、暮しの手帖を創刊された大橋鎮子さん、日本における女性の人権の尊重を新憲法に反映させたベアテ・ゴードンさん、映像の世界で大きな貢献をされた高野悦子さん等、私の少し前を歩いておられた方々を失い、改めてその御生涯と、生き抜かれた時代を思っています。

先の大戦中、イタリア戦線で片腕を失い、後、連邦議会上院議員として多くの米国人に敬愛された日系人ダニエル・イノウエさんや、陛下とご一緒に沖縄につき沢山のお教えを頂いた外間守善さん、芸術の世界に大きな業績を残された河竹登志夫さんや三善晃さんともお別れせねばなりませんでした。

この10月には、伊勢神宮で20年ぶりの御遷宮が行われました。何年にもわたる関係者の計り知れぬ努力により、滞りなく遷御《せんぎょ》になり、悦ばしく有り難いことでございました。御高齢にかかわらず、陛下の姉宮でいらっしゃる池田厚子様が、神宮祭主として前回に次ぐ2度目の御奉仕を遊ばし、その許で長女の清子も、臨時祭主としてご一緒に務めさせて頂きました。清子が祭主様をお支えするという、尊く大切なお役を果たすことが出来、今、深く安堵しております。

問2　今年、皇后さまはご体調が優れず、いくつかのご公務などをお取りやめになりました。天皇陛下も今年80歳を迎えられます。両陛下の現在のご体調や健康管理、ご公務や宮中祭祀に関してご負担軽減が必要との意見について、どのようにお考えでしょうか。

皇后陛下　加齢と共に、四肢に痛みや痺れが出るようになり、今年、数回にわたり公務への出席を欠きました。体調の不良を公にすることは、決して本意ではありませんが、欠席の理由を説明せねばならず、そのため大勢の方に心配をかけることとなり心苦しく思っています。健康管理については、医師の意見に従い、その時々に必要な検査を受けていますが、まだ投薬などの治療を継続して受ける段階のものはなく、これからもしばらくは、今までとあまり変わりなく過ごしていけるのではないでしょうか。

　質問にあった宮中祭祀のことですが、最近は身体的な困難から、以前のように年間全てのお祀りに出席することは出来なくなりました。せめて年始の元始祭、昭和天皇、香淳皇后の例祭を始め、年間少なくとも5、6回のお参りは務めたいと願っています。明治天皇が「昔の手ぶり」を忘れないようにと、御製で仰せになっているように、昔ながらの所作に心を込めることが、祭祀には大切ではないかと思い、だんだんと年をとっても、繰り返し大前に参らせて頂く緊張感の中で、そうした所作を体が覚えていてほしい、という気持ちがあります。前《さき》の御代からお受けしたものを、精一杯次の時代まで運ぶ者でありたいと願っています。

問3　皇太子妃雅子さまは11年ぶりに公式に外国をご訪問になりました。また、悠仁さまの小学校入学をはじめ、お孫さまたちに節目となる出来事が相次ぎました。ご家族と様々なご交流があると思いますが、皇室の一員として若い世代に期待されていることをお聞かせください。

皇后陛下　皇太子妃がオランダ訪問を果たし、元気に帰国したことは、本当に喜ばしいことでした。その後も皇太子と共に被災地を訪問したり式典に出席する等、よい状態が続いていることをうれしく思っています。

　孫の世代も、それぞれ成長し、眞子は大学の最高学年に進み、今では、成年皇族としての務めも行っています。こうした二つの立場を、緊張しながらも誠実に果たしている姿を、うれしく見守っています。次女の佳子は大学生になり、今年は初めての一人での海外滞在も経験しました。来年は二十歳《はたち》になり、皇室はまた一人、若々しい成年皇族を迎えます。東宮では愛子が6年生になりました。背も随分伸び、もうじき私の背を超すでしょう。チェロ奏者の一員として、皇太子と共にオーケストラに参加したり、今年の沼津の遠泳ではやや苦手であった水泳でも努力を重ね、自分の目標を達成したことをうれしく、又、いとおしく思いました。悠仁は小学生になりました。草原を走り回る姿はまだとても幼く見えますが、年齢に応じた経験を重ね、その中で少しずつ、自分の立場を自覚していくようにという両親の願いの許で、今はのびのびと育てられています。

　こうした若い世代の成長に期待すると共に、私にはご高齢の三笠宮同妃両殿下が、幾たびかの御不例の折にも、その都度それを克服なさり、今もお健やかにお過ごしのことが本当に心強く、有り難いことに思われます。これからも両殿下のご健康が長く保たれ、私どもや後に続く世代の生き方を見守って頂きたいと願っています。

❖──平成二十六年

問1　このたび傘寿を迎えられたご感想とともに、これまでの80年の歳月を振り返られてのお気持ちをお聞かせください。

皇后陛下　ものごころ付いてから、戦況が悪化する10歳頃までは、毎日をただただ日向で遊んでいたような記憶のみ強く、とりわけ兄や年上のいとこ達のあとについて行った夏の海辺のことや、その人達が雑木林で夢中になっていた昆虫採集を倦きることなく眺めていたことなど、よく思い出します。また一人でいた時も、ぼんやりと見ていた庭の棕梠《しゅろ》の木から急にとび立った玉虫の鮮やかな色に驚いたり、ある日洗濯場に迷い込んできたオオミズアオの美しさに息をのんだことなど、その頃私に強い印象を残したものは、何かしら自然界の生き物につながるものが多かったように思います。

　その後に来た疎開先での日々は、それまでの閑《のど》かな暮らしからは想像も出来なかったものでしたが、この時期、都会から急に移って来た子どもたちを受け入れ、保護して下さった地方の先生方のご苦労もどんなに大きなものであったかと思います。

　戦後の日本は、小学生の子どもにもさまざまな姿を見せ、少なからぬ感情の試練を受けました。終戦後もしばらく田舎にとどまり、6年生の3学期に東京に戻りましたが、疎開中と戦後の3年近くの間に5度の転校を経験し、その都度進度の違う教科についていくことがなかなか難しく、そうしたことから、私は何か自分が基礎になる学力を欠いているような不安をその後も長く持ち続けて来ました。ずっと後になり、もう結婚後のことでしたが、やはり戦時下に育たれたのでしょうか、一女性の「知らぬこと多し母となりても」という下の句のある歌を新聞で見、ああ私だけではなかったのだと少しほっとし、作者を親しい人に感じました。

　皇室に上がってからは、昭和天皇と香淳皇后にお見守り頂く中、今上陛下にさまざまにお導き頂き今日までまいりました。長い昭和の時代を、多くの経験と共にお過ごしになられた昭和の両陛下からは、おそばに出ます度に多くの御教えを頂きました。那須の夕方提灯に灯を入れ、子どもたちと共に、当時まだ東宮殿下でいらした陛下にお伴して附属邸前の坂を降り、山百合の一杯咲く御用邸に伺った時のことを、この夏も同じ道を陛下と御一緒に歩き、懐かしみました。

　いつまでも一緒にいられるように思っていた子どもたちも、一人ひとり配偶者を得、独立していきました。それぞれ個性の違う子どもたちで、どの子どもも本当に愛《いと》しく、大切に育てましたが、私の力の足りなかったところも多く、それでもそれぞれが、自分たちの努力でそれを補い、成長してくれたことは有難いことでした。子育てを含め、家庭を守る立場と、自分に課された務めを果たす立場を両立させていくために、これまで多くの職員の協力を得て来ています。社会の人々にも見守られ、支えられてまいりました。御手術後の陛下と、朝、葉山の町を歩いておりました時、うしろから来て気付かれたのでしょう、お勤めに出る途中らしい男性が少し先で車を止めて道を横切って来られ、「陛下よろしかったですね」と明るく云い、また車に走っていかれました。しみじみとした幸せを味わいました。

　多くの人々の祈りの中で、昨年陛下がお健やかに傘寿をお迎えになり、うれしゅうございました。50年以上にわたる御一緒の生活の中で、陛下は常に謙虚な方でいらっしゃり、また子どもたちや私を、時に厳しく、しかしどのような時にも寛容に導いて下さり、私が今日まで来られたのは、このお蔭であったと思います。

　80年前、私に生を与えてくれた両親は既に世を去り、私は母の生きた齢《とし》を越えました。嫁ぐ朝の母の無言の抱擁の思い出と共に、同じ朝「陛下と殿下の御心に添って生きるように」と諭してくれた父の言葉は、私にとり常に励ましであり指針でした。これからもそうあり続けることと思います。

問2　皇后さまは天皇陛下とともに国内外で慰霊の旅を続けて来られました。戦争を知らない世代が増えているなかで、来年戦後70年を迎えることについて今のお気持ちをお聞かせ下さい。

皇后陛下　今年8月に欧州では第一次大戦開戦から１００年の式典が行われました。第一次、第二次と2度の大戦を敵味方として戦った国々の首脳が同じ場所に集い、共に未来の平和構築への思いを分かち合っている姿には胸を打たれるものがありました。

　私は、今も終戦後のある日、ラジオを通し、Ａ級戦犯に対する判決の言い渡しを聞いた時の強い恐怖を忘れることが出来ません。まだ中学生で、戦争から敗戦に至る事情や経緯につき知るところは少なく、従ってその時の感情は、戦犯個人個人への憎しみ等であろう筈はなく、恐らくは国と国民という、個人を越えた所のものに責任を負う立場があるということに対する、身の震うような怖れであったのだと思います。

　戦後の日々、私が常に戦争や平和につき考えていたとは申せませんが、戦中戦後の記憶は、消し去るには強く、たしか以前にもお話ししておりますが、私はその後、自分がある区切りの年齢に達する都度、戦時下をその同じ年齢で過ごした人々がどんなであったろうか、と思いを巡らすことがよくありました。

　まだ若い東宮妃であった頃、当時の東宮大夫から、著者が私にも目を通して欲しいと送って来られたという一冊の本を見せられました。長くシベリアに抑留されていた人の歌集で、中でも、帰国への期待をつのらせる中、今年も早蕨《さわらび》が羊歯《しだ》になって春が過ぎていくという一首が特に悲しく、この時以来、抑留者や外地で終戦を迎えた開拓民のこと、その人たちの引き揚げ後も続いた苦労等に、心を向けるようになりました。

最近新聞で、自らもハバロフスクで抑留生活を送った人が、十余年を費やしてシベリア抑留中の死者の名前、死亡場所等、出来る限り正確な名簿を作り終えて亡くなった記事を読み、心を打たれました。戦争を経験した人や遺族それぞれの上に、長い戦後の日々があったことを改めて思います。

第二次大戦では、島々を含む日本本土でも100万に近い人が亡くなりました。又、信じられない数の民間の船が徴用され、6万に及ぶ民間人の船員が、軍人や軍属、物資を運ぶ途上で船を沈められ亡くなっていることを、昭和46年に観音崎で行われた慰霊祭で知り、その後陛下とご一緒に何度かその場所を訪ねました。戦後70年の来年は、大勢の人たちの戦中戦後に思いを致す年になろうと思います。

世界のいさかいの多くが、何らかの報復という形をとってくり返し行われて来た中で、わが国の遺族会が、一貫して平和で戦争のない世界を願って活動を続けて来たことを尊く思っています。遺族の人たちの、自らの辛い体験を通して生まれた悲願を成就させるためにも、今、平和の恩恵に与っている私たち皆が、絶えず平和を志向し、国内外を問わず、争いや苦しみの芽となるものを摘み続ける努力を積み重ねていくことが大切ではないかと考えています。

問3　皇后さまは音楽、絵画、詩など様々な芸術・文化に親しんで来られました。皇后さまにとって芸術・文化はどのような意味を持ち、これまでどのようなお気持ちで触れて来られたのでしょうか。

皇后陛下　芸術―質問にある音楽や絵画、詩等―が自分にとりどのような意味を持つか、これまであまり考えたことがありませんでした。「それに接したことにより、喜びや、驚きを与えられ、その後の自分の物の感じ方や考え方に、何らかの影響を与えられてきたもの」と申せるでしょうか。子ども の頃、両親が自分たちの暮らしの許す範囲で芸術に親しみ、それを楽しんでいる姿を見、私も少しずつ文学や芸術に触れたいという気持ちになったよう記憶いたします。戦後、どちらかの親につれられ、限られた回数でも行くことの出来た日比谷公会堂での音楽会、丸善の売り場で、手にとっては見入っていた美しい画集類、父の日当たりのよい書斎にあった本などが、私の芸術に対する関心のささやかな出発点になっていたかと思います。

戦後長いこと、私の家では家族旅行の機会がなく、大学在学中か卒業後かに初めて、両親と妹、弟と共に京都に旅をする機会に恵まれました。しかし残念なことに、私は結婚まで奈良を知る機会を持ちません。結婚後、長いことあこがれていた飛鳥、奈良の文化の跡を訪ねることが出来、古代歌謡や万葉の歌のふるさとに出会い、歌に「山」と詠まれている、むしろ丘のような三山に驚いたり、背後のお山そのものが御神体である大神《おおみわ》神社の深い静けさや、御神社に所縁《ゆかり》のある花鎮《はなしず》めの祭りに心引かれたりいたしました。学生時代に、思いがけず奈良国立文化財研究所長の小林剛氏から、創元選書の「日本彫刻」を贈って頂き、「弥勒菩薩」や「阿修羅」、「日光菩薩」等の像や、東大寺燈篭の装飾「楽天」等の写真を感動をもって見たことも、私がこの時代の文化に漠然とした親しみとあこがれを持った一因であったかもしれません。

建造物や絵画、彫刻のように目に見える文化がある一方、ふとした折にこれは文化だ、と思わされる現象のようなものにも興味をひかれます。昭和42年の初めての訪伯の折、それより約60年前、ブラジルのサントス港に着いた日本移民の秩序ある行動と、その後に見えて来た勤勉、正直といった資質が、かの地の人々に、日本人の持つ文化の表れとし、驚きをもって受けとめられていたことを度々耳にしました。当時、遠く海を渡ったこれらの人々への敬意と感謝を覚えるとともに、異国からの移住者を受け入れ、直ちにその資質に着目し、これを評価する文化をすでに有していた大らかなブラジル国民に対しても、深い敬愛の念を抱いたことでした。

それぞれの国が持つ文化の特徴は、自ずとその国を旅する者に感じられるものではないでしょうか。これまで訪れた国々で、いずれも心はずむ文化との遭遇がありましたが、私は特に、ニエレレ大統領時代のタンザニアで、大統領は元より、ザンジバルやアルーシャで出会った何人かの人から「私たちはまだ貧しいが、国民の間に格差が生じるより、皆して少しずつ豊かになっていきたい」という言葉を聞いた時の、胸が熱くなるような感動を忘れません。少なからぬ数の国民が信念として持つ思いも、文化の一つの形ではないかと感じます。

東日本大震災の発生する何年も前から、釜石の中学校で津波に対する教育が継続して行われており、3年前、現実に津波がこの市を襲った時、校庭にいた中学生が即座に山に向かって走り、全校の生徒がこれに従い、自らの生命を守りました。将来一人でも多くの人を災害から守るために、胸の痛むことですが、日本はこれまでの災害の経験一つ一つに学び、しっかりとした防災の文化を築いていかなくてはならないと思います。

歓び事も多くありましたが、今年も又、集中豪雨や火山の噴火等、多くの痛ましい出来事がありました。犠牲者の冥福を祈り、遺族の方々の深い悲しみと、未だ、行方の分からぬ犠牲者の身内の方々の心労をお察しいたします。又この同じ山で、限りない困難に立ち向かい、救援や捜索に当たられた各県の関係者始め自衛隊、消防、警察、医療関係者、捜索の結果を待つ遺族に終始寄り添われた保健師の方々に、感謝をこめ敬意を表します。

❖——平成二十七年

問　この1年、自然災害などさまざまな出来事がありました。戦後70年にあたり、皇后さまは天皇陛下とともにパラオをはじめ国内外で慰霊の旅を重ねられました。また、玉音放送の原盤なども公開されたほか、若い皇族方も戦争の歴史に触れられました。1年を振り返って感じられたことをお聞かせください。8月には心臓の精密検査を受けられましたが、その後のご体調はいかがですか。

皇后陛下　この1年も、火山の噴火や大雨による洪水、土地の崩落、竜巻など、日本各地を襲う災害の報に接することが多く、悲しいことでした。ごく最近も、豪雨のため関東や東北の各所で川が溢れ、とりわけ茨城県常総市では堤防が決壊して二人が亡くなり、家を流された大勢の人々が今も避難生活を続けています。先日、陛下の御訪問に同伴して同市を訪問いたしましたが、水流により大きく土地をえぐられた川沿いの地区の状況に驚くと共に、道々目にした土砂で埋まった田畑、とりわけ実りの後に水漬《みづ》いた稲の姿は傷ましく、農家の人々の落胆はいかばかりかと察しています。

　東日本でも、大震災以来すでに4年余の歳月が経ちますが、未だに避難生活を続ける人が19万人を超え、避難指示が解かれ、徐々に地区に戻った人々にも、さまざまな生活上の不安があろうかと案じられます。また、海沿いの被災地では、今も2、000名を超える行方不明者の捜索が続けられており、長期にわたりこの仕事に従事される警察や海上保安庁の人たち、また原発の事故現場で、今も日々激しく働く人々の健康の守られることを祈らずにはいられません。

　先の戦争終結から70年を経、この1年は改めて当時を振り返る節目の年でもありました。終戦を迎えたのが国民学校の5年の時であり、私の戦争に関する知識はあくまで子どもの折の途切れ途切れの不十分なものでした。こうした節目の年は、改めて過去を学び、当時の日本や世界への理解を深める大切な機会と考えられ、そうした思いの中で、この1年を過ごしてまいりました。

　平和な今の時代を生きる人々が、戦時に思いを致すことは決して容易なことではないと思いますが、今年は私の周辺でも、次世代、またその次の世代の人々が、各種の催しや展示場を訪れ、真剣に戦争や平和につき考えようと努めていることを心強く思っています。先頃、孫の愛子と二人で話しておりました折、夏の宿題で戦争に関する新聞記事を集めた時、原爆の被害を受けた広島で、戦争末期に人手不足のため市電の運転をまかされていた女子学生たちが、爆弾投下4日目にして、自分たちの手で電車を動かしていたという記事のことが話題になり、ああ愛子もあの記事を記憶していたのだと、胸を打たれました。若い人たちが過去の戦争の悲惨さを知ることは大切ですが、私は愛子が、悲しみの現場に、小さくとも人々の心を希望に向ける何らかの動きがあったという記事に心を留めたことを、嬉しく思いました。

今年、陛下が長らく願っていらした南太平洋のパラオ御訪問が実現し、日本の委任統治下で1万余の将兵が散華したペリリュー島で、御一緒に日米の戦死者の霊に祈りを捧げることが出来たことは、忘れられない思い出です。かつてサイパン島のスーサイド・クリフに立った時、3羽の白いアジサシがすぐ目の前の海上をゆっくりと渡る姿に息を呑んだことでしたが、この度も海上保安庁の船、「あきつしま」からヘリコプターでペリリュー島に向かう途中、眼下に、その時と同じ美しい鳥の姿を認め、亡くなった方々の御霊《みたま》に接するようで胸が一杯になりました。

戦争で、災害で、志半ばで去られた人々を思い、残された多くの人々の深い悲しみに触れ、この世に悲しみを負って生きている人がどれ程多く、その人たちにとり、死者は別れた後も長く共に生きる人々であることを、改めて深く考えさせられた1年でした。

世界の出来事としては、アフリカや中東など、各地で起こる内戦やテロ、それによる難民の増大と他国への移動、米国とキューバの国交回復、長期にわたったTPP交渉などが記憶に残っています。また、日本や外地で会合を重ね、学ぶことの多かったドイツのヴァイツゼッカー元大統領やシンガポールのリー・クァンユー元首相、40年以上にわたり、姉のようにして付き合って下さったベルギーのファビオラ元王妃とのお別れがありました。

この回答を記している最中《さなか》、日本のお二人の研究者、大村智さんと梶田隆章さんのノーベル賞受賞という明るい、嬉しいニュースに接しました。受賞を心から喜ぶと共に、お二人が、それぞれの研究分野の先達であり、同賞の受賞こそなかったとはいえ、かつてそれに匹敵する研究をしておられた北里柴三郎博士や、つい7年前に亡くなられた戸塚洋二さんの業績を深い敬意をもって語られることで、これらの方々の上にも私どもの思いを導いて下さったことを有難く思いました。また、大村さんや同時受賞のアイルランドのウィリアム・キャンベル博士と共に、同じこの分野で、国の各地に伝わる漢方薬の文献をくまなく調べ、遂にマラリヤに効果のある薬草の調合法を見出した中国の屠《と》呦呦《ゆうゆう》さんの受賞も素晴らしいことでした。

スポーツの分野でも、テニスや車いすテニスの選手が立派な成果を上げ、また、ラグビーワールドカップにおける日本代表チームの輝かしい戦いぶりは、日本のみでなく世界の注目を集めました。4年後の日本で開かれる大会に、楽しく夢を馳せています。

身内での変化は、秋篠宮家の佳子が成年を迎え、公的な活動を始めたこと、眞子が約1年の留学を終え、元気に戻ってきたことです。佳子はこの1年、受験、成年皇族としての公務、新しい大学生活、と、さまざまな新しい経験を積み、また時に両親に代わって悠仁の面倒をみるなど、数々の役目を一生懸命に果たして来ました。眞子が帰って来てホッとしていることと思います。また、この12月には三笠宮様が100歳におなりで、お祝い申し上げる日を楽しみにしております。

戦後70年となる今年は、昭和天皇の終戦の詔勅の録音盤や、終戦が決められた御前会議の場となった吹上防空壕の映像が公開されるなど、改めて当時の昭和天皇の御心《みこころ》を思い上げることの多い1年でした。どんなにかご苦労の多くいらしたであろう昭和天皇をお偲び申し上げ、その御意志を体《たい》し、人々の安寧を願い続けておられる陛下のお側で、陛下の御健康をお見守りしつつ、これからの務めを果たしていければと願っています。

体調につき尋ねて下さり有難うございました。今のところ、これまでと変わりなく過ごしています。

◆―平成二十八年

問　この1年も自然災害や五輪・パラリンピックなど様々な出来事がありました。8月には、天皇陛下が「象徴としての務め」についてのお気持ちを表明されました。この1年を振り返って感じられたことをお聞かせください。

皇后陛下　昨年の誕生日以降、この1年も熊本の地震を始め各地における大雨、洪水等、自然災害は後を絶たず、これを記している今朝も、早朝のニュースで阿蘇山の噴火が報じられており、被害の規模を心配しています。8月末には、台風10号がこれまでにない進路をとり、東北と北海道を襲いました。この地方を始め、これから降灰の続くであろう阿蘇周辺の人々―とりわけ今収穫期を迎えている農家の人々の悲しみを深く察しています。自然の歴史の中には、ある周期で平穏期と活性期が交互に来るといわれますが、今私どもは疑いもなくその活性期に生きており、誰もが災害に遭遇する可能性を持って生活していると思われます。皆《みな》が防災の意識を共有すると共に、皆してその時々に被災した人々を支え、決して孤独の中に取り残したり置き去りにすることのない社会を作っていかなければならないと感じています。

今年1月にはフィリピンの公式訪問がありました。アキノ大統領の手厚いおもてなしを受け、この機会に先の大戦におけるフィリピン、日本両国の戦没者の慰霊が出来たことを、心から感謝しています。戦時小学生であった私にも、モンテンルパという言葉は強く印象に残るものでしたが、この度の訪問を機に、戦後キリノ大統領が、筆舌に尽くし難い戦時中の自身の経験にもかかわらず、憎しみの連鎖を断ち切るためにと、当時モンテンルパに収容されていた日本人戦犯１０５名を釈放し、家族のもとに帰した行為に、改めて思いを致しました。

夏にはリオで、ブラジルらしい明るさと楽しさをもってオリンピック、パラリンピックが開催され、大勢の日本選手が、強い心で戦い、スポーツのもつ好ましい面を様々に見せてくれました。競技中の選手を写した写真が折々に新聞の紙面を飾りましたが、健常者、障害者を問わず、優れた運動選手が会心の瞬間に見せる姿の美しさには胸を打つものがあり、そうした写真の幾つもを切り抜いて持っています。

前回の東京オリンピックに続き、小規模ながら織田フィールドで開かれた世界で2回目のパラリンピックの終了後、陛下は、リハビリテーションとしてのスポーツの重要性は勿論のことながら、パラリンピックがより深く社会との接点を持つためには、障害者スポーツが、健常者のスポーツと同様、真にスポーツとして、する人と共に観る人をも引きつけるものとして育ってほしいとの願いを関係者に述べられました。今回のリオパラリンピックは、そうした夢の実現であったように思います。

今年の嬉しいニュースの一つに、日本の研究者により新しい元素が発見され、ニホニウムと名付けられたことがありました。またこの10月には、大隅良典博士がオートファジーの優れたご研究により生理学・医学部門でノーベル賞を受けられました。

50年以上にわたり世界の発展途上国で地道な社会貢献を続けて来た日本の青年海外協力隊が、本年フィリピンでマグサイサイ賞を受けたことも嬉しいことでした。この運動は、今ではシニア海外ボランティア、日系社会青年ボランティア及び日系社会シニアボランティアと更にその活動の幅を広げています。

ごく個人的なことですが、いつか一度川の源流から河口までを歩いてみたいと思っていました。今年の7月、その夢がかない、陛下と御一緒に神奈川県小網代の森で、浦の川のほぼ源流から海までを歩くことが出来ました。流域の植物の変化、昆虫の食草等の説明を受け、大層暑い日でしたが、よい思い出になりました。

最近心にかかることの一つに、視覚障害者の駅での転落事故が引き続き多い事があります。目が不自由なため、過去に駅から転落した人の統計は信じられぬ程多く、今年8月にも残念な事故死が報じられました。ホーム・ドアの設置が各駅に及ぶ事が理想ですが、同時に事故の原因をホーム・ドアの有無のみに帰せず、更に様々な観点から考察し、これ以上悲しい事例の増えぬよう、皆して努力していくことも大切に思われます。

この1年間にも、長年皇室を支えてくれた藤森昭一元宮内庁長官や金澤一郎元皇室医務主管、「名もなく貧しく美しく」をはじめ数々の懐かしい映画を撮られた松山善三氏等、沢山の人々との別れがありました。

国外では、この9日、文化の力でポーランドの民主化に計り知れぬ貢献をされたアンジェイ・ワイダ氏が亡くなりました。長年にわたり、日本のよき友であり、この恵まれた友情の記憶を大切にしたいと思います。

日本のみならず、世界の各地でも自然災害が多く、温暖化の問題も年毎に深刻さを増しています。各地でのテロに加え、内戦の結果発生した多くの難民の集団的移動とその受け入れも、世界が真向かわねばならぬ大きな課題になっています。そのような中で、この夏のリオ五輪では難民による1チームが編成され、注目を集めました。4年後の東京では、この中の一人でも多くが、母国の選手として出場出来ることを願わずにはいられません。世界の少なからぬ地域で対立が続く中、長年にわたり国内の和平に勇気と忍耐をもって取り組んで来られたコロンビアのサントス大統領が、今年のノーベル平和賞を授与された事は感慨深いことでした。

8月に陛下の御放送があり、現在のお気持ちのにじむ内容のお話が伝えられました。私は以前より、皇室の重大な決断が行われる場合、これに関わられるのは皇位の継承に連なる方々であり、その配偶者や親族であってはならないとの思いをずっと持ち続けておりましたので、皇太子や秋篠宮ともよく御相談の上でなされたこの度の陛下の御表明も、謹んでこれを承りました。ただ、新聞の一面に「生前退位」という大きな活字を見た時の衝撃は大きなものでした。それまで私は、歴史の書物の中でもこうした表現に接したことが一度もなかったので、一瞬驚きと共に痛みを覚えたのかもしれません。私の感じ過ぎであったかもしれません。

この1年、身内の全員がつつがなく過ごせたことは幸いなことでした。1月には、秋篠宮の長女の眞子が、無事留学生活を終え、本格的に成年皇族としての働きを始めました。真面目に、謙虚に、一つ一つの仕事に当たっており、愛《いと》おしく思います。

この回答を書き終えた13日夜、タイ国国王陛下の崩御という悲しい報せを受けました。私より六つ七つ程お上で、二十代の若い頃より兄のような優しさで接して下さっており、御病気と伺いながらも、今一度お会いできる機会をと望んでおりました。王妃陛下、王室の皆様方、タイ国民の悲しみに思いを致しております。

❖――平成二十九年

問　この1年も九州北部豪雨をはじめとする自然災害などさまざまな出来事がありました。6月には「天皇の退位等に関する皇室典範特例法」が成立し、9月には眞子さまのご婚約が内定しました。この1年を振り返って感じられたことをお聞かせください。

皇后陛下　熊本地震から1年半が経《た》ちましたが、この1年間にも、各地で時には震度6弱にも及ぶ地震、激しい集中豪雨による川の氾濫や土砂崩れなどがあり、こうしている今も、九州では新燃岳の噴火が間断なく続いています。昨年の熊本地震に始まり、豪雨により大きな被害を受けた九州北部では、今も大勢の人たちが仮設住宅で生活を続けていること、更に地震や津波の災害から既に6年以上経た岩手、宮城、福島の3県でも、今なお1万8千人を超す人々が仮設住宅で暮らしていることを深く案じています。また、北九州には、地震で被災した後に、再び豪雨災害に見舞われた所もあり、そうした地区の人たちの深い悲しみを思い、どうか希望を失わず、これから来る寒い季節を、体を大切にして過ごして下さるよう心から願っています。

本年は年明け後、陛下と御一緒にベトナムを訪問いたしました。これまでアジアの各地を訪問して参りましたが、子どもの頃「仏印《ふついん》」という呼び名でなじんでいたこの地域の国を訪《おとず》れるのは初めてで、たしか国民学校の教科書に「安南《あんなん》シャムはまだはるか」という詩の一節があったことなどを思い出しつつ、参りました。今回訪問したことにより、ベトナム独立運動の先駆者と呼ばれるファン・ボイ・チャウと日本の一医師との間にあった深い友情のことや、第二次大戦後の一時期、ベトナムで営まれていた日本の残留兵とベトナム人の家族のことなど、これまであまり触れられることのなかった、この国と日本との間の深いつながりを知ることができ、印象深く、忘れ難い旅になりました。

今年は国内各地への旅も、もしかすると、これが公的に陛下にお供してこれらの府県を訪れる最後の機会かもしれないと思うと、感慨もひとしお深く、いつにも増して日本のそれぞれの土地の美しさを深く感じつつ、旅をいたしました。こうした旅のいずれの土地においても感じられる人々の意識の高さ、真面目さ、勤勉さは、この国の古来から変わらぬ国民性と思いますが、それが各時代を生き抜いてきた人々の知恵と経験の蓄積により、時に地域の文化と言えるまでに高められていると感じることがあります。昨年12月に糸魚川で大規模な火災が起こった時、過去の大火の経験から、住民間に強風への危機意識が定着しており、更に様々な危機対応の準備が整っていて、あれほどの大火であったにもかかわらず一名の死者も出さなかったことなど、不幸な出来事ではありましたが、そうした一例として挙げられるのではないかと思います。

米国、フランスでの政権の交代、英国のＥＵ脱退通告、各地でのテロの頻発など、世界にも事多いこの1年でしたが、こうした中、中満泉さんが国連軍縮担当の上級代表になられたことは、印象深いことでした。「軍縮」という言葉が、最初随分遠い所のものに感じられたのですが、就任以来中満さんが語られていることから、軍縮とは予防のことでもあり、軍縮を狭い意味に閉じ込めず、経済、社会、環境など、もっと統合的視野のうちに捉《とら》え、例えば地域の持続的経済発展を助けることで、そこで起こり得る紛争を回避することも「軍縮」の業務の一部であることを教えられ、今後この分野にも関心を寄せていく上での助けになると嬉《うれ》しく思いました。国連難民高等弁務官であった緒方貞子さんの下で、既に多くの現場経験を積まれている中満さんが、これからのお仕事を元気に務めていかれるよう祈っております。

この1年を振り返り、心に懸かることの第一は、やはり自然災害や原発事故による被災地の災害からの復興ですが、その他、奨学金制度の将来、日本で育つ海外からの移住者の子どもたちのため必要とされる配慮のことなどがあります。また環境のこととして、プラスチックごみが激増し、既に広い範囲で微細プラスチックを体内に取り込んだ魚が見つかっていること、また、最近とみに増えている、小さいけれど害をなすセアカゴケグモを始めとする外来生物の生息圏が徐々に広がって来ていることを心配しています。こうした虫の中でも、特に強い毒性を持つヒアリは怖く、港湾で積荷を扱う人々が刺されることのないよう願っています。

カンボジアがまだ国際社会から孤立していた頃から50年以上、アンコール・ワットの遺跡の研究を続け、その保存修復と、それに関わる現地の人材の育成に力をつくしてこられた石澤良昭博士が、8月、「マグサイサイ賞」を受賞されたことは、最近の嬉しいニュースの一つでした。博士が「カンボジア人によるカンボジア人のための遺跡修復」を常に念頭に活動され、日本のアジアへの貢献をなさったことに深い敬意を覚えます。

医学の世界、とりわけｉＰＳ細胞の発見に始まるこの分野の着実な発展にも期待をもって注目しており、これにより苦しむ多くの病者に快復の希望がもたらされる日を待ち望んでいます。

スポーツの世界でも、様々な良い報《しら》せがありました。特に女子スピードスケートの世界スプリント選手権で、日本女子が初めて総合優勝に輝いたこと、陸上競技１００メートル走で、遂《つい》に10秒を切る記録が出、続いて10秒00の好記録がこれを追う等、素晴《すば》らしい収穫の1年でした。現役を引退するフィギュアスケートの浅田真央さん、ゴルフの宮里藍さん、テニスの伊達公子さんの、いずれも清《すが》すがしい引退会見も強く印象に残っています。

将棋も今年大勢の人を楽しませてくれました。若く初々しい棋士の誕生もさることながら、その出現をしっかりと受け止め、愛情をもって育てようとするこの世界の先輩棋士の対応にも心を打たれました。

宗像・沖ノ島と関連遺産群がユネスコの世界遺産に登録されることも喜ばしく、今月、宗像大社を訪れることを楽しみにしています。

今年もノーベル賞の季節となり、日本も関わる二つの賞の発表がありました。文学賞は日系の英国人作家イシグロ・カズオさんが受賞され、私がこれまでに読んでいるのは1作のみですが、今も深く記憶に残っているその1作「日の名残り」の作者の受賞を心からお祝いいたします。

平和賞は、核兵器廃絶国際キャンペーン「ICAN」が受賞しました。核兵器の問題に関し、日本の立場は複雑ですが、本当に長いながい年月にわたる広島、長崎の被爆者たちの努力により、核兵器の非人道性、ひと度使用された場合の恐るべき結果等にようやく世界の目が向けられたことには大きな意義があったと思います。そして、それと共に、日本の被爆者の心が、決して戦いの連鎖を作る「報復」にではなく、常に将来の平和の希求へと向けられてきたことに、世界の目が注がれることを願っています。

今年も大勢の懐かしい方たちとのお別れがありました。犬養道子さん、医師の日野原重明先生、三浦朱門さん、大岡信さん、元横綱の佐田の山さん、新潟県中越地震の時に山古志村の村長でいらした長島忠美さん、宮内庁参与として皇室を支えて下さった原田明夫さんなど。また、この1年は「うさこちゃん」のディック・ブルーナさん、「くまのパディントン」のマイケル・ボンドさん、「コロボックル物語」の佐藤さとるさん、絵本作家の杉田豊さんなど、長く子どもたちの友であって下さった内外の作家や画家を失った年でもありました。

今から25年前、アルベールビル冬季五輪のスピードスケート1、000メートルで3位になった宮部行範さんの、48歳というあまりにも若い逝去も惜しまれます。入賞者をお招きした赤坂御所で、「掛けてみます?」と銅メダルを掛けて下さったことを、ついこの間のことのように思い出します。

昨年の10月には、三笠宮様が100歳の長寿を全うされ、薨去になりました。寂しいことですが、大妃殿下が御高齢ながら、今も次世代の皇室を優しく見守っていて下さることを本当に有り難く、心強く思っております。

身内では9月に、初孫としてその成長を大切に見守ってきた秋篠宮家の長女眞子と小室圭さんとの婚約が内定し、その発表後程なく、妹の佳子が留学先のリーズ大学に発《た》っていきました。

また、この6月からは、私どもの長女の清子が池田厚子様のおあとを継ぎ、神宮祭主のお役に就いております。

陛下の御譲位については、多くの人々の議論を経て、この6月9日、国会で特例法が成立しました。長い年月、ひたすら象徴のあるべき姿を求めてここまで歩まれた陛下が、御高齢となられた今、しばらくの安息の日々をお持ちになれるということに計りしれぬ大きな安らぎを覚え、これを可能にして下さった多くの方々に深く感謝しております。

❖——平成三十年

問　この1年も、西日本豪雨や北海道の地震をはじめとする自然災害など様々な出来事がありました。今のお立場で誕生日を迎えられるのは今年限りとなりますが、天皇陛下の退位まで半年余りとなったご心境をお聞かせ下さい。

皇后陛下　昨年の誕生日から今日まで、この1年も年初の大雪に始まり、地震、噴火、豪雨等、自然災害が各地で相次ぎ、世界でも同様の災害や猛暑による山火事、ハリケーン等が様々な場所で多くの被害をもたらしました。「バックウォーター」「走錨《そうびょう》」など、災害がなければ決して知ることのなかった語彙にも、悲しいことですが慣れていかなくてはなりません。日本の各地で、災害により犠牲になられた方々を心より悼み、残された方々のお悲しみを少しでも分け持てればと思っています。また被災した地域に、少しでも早く平穏な日常の戻るよう、そして寒さに向かうこれからの季節を、どうか被災された方々が健康を損なうことなく過ごされるよう祈っています。

そのような中、時々に訪れる被災地では、被災者の静かに物事に耐える姿、そして恐らくは一人一人が大きな心の試練を経験しているだろう中で、健気に生きている子ども達の姿にいつも胸を打たれています。また、被害が激しく、あれ程までに困難の大きい中で、一人でも多くの人命を救おうと、日夜全力を挙げて救援に当たられる全ての人々に対し、深い敬意と感謝の念を抱いています。

約30年にわたる、陛下の「天皇」としてのお仕事への献身も、あと半年程で一つの区切りの時を迎えます。これまで「全身」と「全霊」双方をもって務めに当たっていらっしゃいましたが、加齢と共に徐々に「全身」をもって、という部分が果たせなくなることをお感じになり、政府と国民にそのお気持ちをお伝えになりました。5月からは皇太子が、陛下のこれまでと変わらず、心を込めてお役を果たしていくことを確信しています。

　陛下は御譲位と共に、これまでなさって来た全ての公務から御身を引かれますが、以後もきっと、それまでと変わらず、国と人々のために祈り続けていらっしゃるのではないでしょうか。私も陛下のおそばで、これまで通り国と人々の上によき事を祈りつつ、これから皇太子と皇太子妃が築いてゆく新しい御代の安泰を祈り続けていきたいと思います。

　24歳の時、想像すら出来なかったこの道に招かれ、大きな不安の中で、ただ陛下の御自身のお立場に対するゆるぎない御覚悟に深く心を打たれ、おそばに上がりました。そして振り返りますとあの御成婚の日以来今日まで、どのような時にもお立場としての義務は最優先であり、私事はそれに次ぐもの、というその時に伺ったお言葉のままに、陛下はこの60年に近い年月を過ごしていらっしゃいました。義務を一つ一つ果たしつつ、次第に国と国民への信頼と敬愛を深めていかれる御様子をお近くで感じとると共に、新憲法で定められた「象徴」（皇太子時代は将来の「象徴」）のお立場をいかに生きるかを模索し続ける御姿を見上げつつ過ごした日々を、今深い感慨と共に思い起こしています。

　皇太子妃、皇后という立場を生きることは、私にとり決して易しいことではありませんでした。与えられた義務を果たしつつ、その都度新たに気付かされたことを心にとどめていく―そうした日々を重ねて、60年という歳月が流れたように思います。学生時代よく学長が「経験するだけでは足りない。経験したことに思いをめぐらすように」と云われたことを、幾度となく自分に云い聞かせてまいりました。その間、昭和天皇と香淳皇后の御姿からは計り知れぬお教えを賜り、陛下には時に厳しく、しかし限りなく優しく寛容にお導き頂きました。3人の子ども達は、誰も本当に可愛く、育児は眠さとの戦いでしたが、大きな喜びでした。これまで私の成長を助けて下さった全ての方々に深く感謝しております。

　陛下の御譲位後は、陛下の御健康をお見守りしつつ、御一緒に穏やかな日々を過ごしていかれればと願っています。そうした中で、これまでと同じく日本や世界の出来事に目を向け、心を寄せ続けていければと思っています。例えば、陛下や私の若い日と重なって始まる拉致被害者の問題などは、平成の時代の終焉と共に急に私どもの脳裏から離れてしまうというものではありません。これからも家族の方たちの気持ちに陰ながら寄り添っていきたいと思います。

　先々《さきざき》には、仙洞《せんとう》御所となる今の東宮御所に移ることになりますが、かつて30年程住まったあちらの御所には、入り陽《ひ》の見える窓を持つ一室があり、若い頃、よくその窓から夕焼けを見ていました。3

人の子ども達も皆この御所で育ち、戻りましたらどんなに懐かしく当時を思い起こす事と思います。

赤坂に移る前に、ひとまず高輪の旧高松宮邸《たかまつのみやてい》であったところに移居いたします。昨年、何年ぶりかに宮邸《みやてい》を見に参りましたが、両殿下の薨去よりかなりの年月が経ちますのに、お住居の隅々まできれいで、管理を任されていた旧奉仕者が、夫妻2人して懸命にお守りして来たことを知り、深く心を打たれました。出来るだけ手を入れず、宮邸であった当時の姿を保ったままで住みたいと、陛下とお話しし合っております。

公務を離れたら何かすることを考えているかとこの頃よく尋ねられるのですが、これまでにいつか読みたいと思って求めたまま、手つかずになっていた本を、これからは1冊ずつ時間をかけ読めるのではないかと楽しみにしています。読み出すとつい夢中になるため、これまで出来るだけ遠ざけていた探偵小説も、もう安心して手許に置けます。ジーヴスも2、3冊待機しています。

また赤坂の広い庭のどこかによい土地を見つけ、マクワウリを作ってみたいと思っています。こちらの御所に移居してすぐ、陛下の御田《おた》の近くに1畳にも満たない広さの畠があり、そこにマクワウリが幾つかなっているのを見、大層懐かしく思いました。頂いてもよろしいか陛下に伺うと、大変に真面目なお顔で、これはいけない、神様に差し上げる物だからと仰せで、6月の大祓《おおはらい》の日に用いられることを教えて下さいました。大変な瓜田《かでん》に踏み入るところでした。それ以来、いつかあの懐かしいマクワウリを自分でも作ってみたいと思っていました。

皇太子、天皇としての長いお務めを全うされ、やがて85歳におなりの陛下が、これまでのお疲れをいやされるためにも、これからの日々を赤坂の恵まれた自然の中でお過ごしになれることに、心の安らぎを覚えています。

しばらく離れていた懐かしい御用地が、今どのようになっているか。日本タンポポはどのくらい残っているか、その増減がいつも気になっている日本蜜蜂は無事に生息し続けているか等を見廻り、陛下が関心をお持ちの狸の好きなイヌビワの木なども御一緒に植えながら、残された日々を、静かに心豊かに過ごしていけるよう願っています。

(参考)

1.「ジーヴス」
イギリスの作家P・G・ウッドハウスによる探偵小説「ジーヴスの事件簿」に登場する執事ジーヴス

2.「大変な瓜田に踏み入るところでした」
広く知られている言い習わしに「瓜田《かでん》に履《くつ》を納《い》れず」（瓜畑《うりばたけ》で靴を履《は》き直すと瓜を盗むのかと疑われるのですべきではないとの意から、疑念を招くような行為は避けるようにとの戒め）がある。

植物名索引

ア

アヤメ(菖蒲)……65
イチリンソウ(一輪草)……44
イヌビワ(犬枇杷)……88
ウノハナ(卯の花)……66,67
ウメ(青き梅の実)……58
ウメ(梅)……8,9
ウメ(梅の実)……59
エラブユリ(永良部百合)……48
エンドウ(豌豆)……60
オオシマザクラ(大島桜)……32,33
オバナ(尾花)……112,113
オミナエシ(女郎花)……100

カ

カーネーション……72
カミツバキ(紙椿)……27
カンツバキ(寒椿)……119
カントウタンポポ(関東蒲公英)……51
キキョウ(桔梗)……101
キリノハナ(桐の花)……74
クズ(葛の花)……102
クチナシ(梔子)……84
コオニユリ(小鬼百合)……89
コスモス(秋桜)……108
コトシダケ(今年竹)……76,77
コブシ(辛夷)……16
コムラサキ(小紫)……90

サ

サクラ(桜)……28,29
サクラ(桜吹雪・さくらふぶき)…30,31
ザクロ(石榴)……106
サザンカ(山茶花)……118
サナエ(早苗)……80
サラサドウダン(更紗満天星)…63
サワラビ(早蕨)……22
サンシュユ(山茱萸)……12
シイ(椎)……75
シダレザクラ(枝垂桜)……20,21
シモツケ(繡線菊)……62
ジュウヤク(十薬)……78,79
ジュズダマ(数珠玉)……98
シラカバ(白樺)……46,47
シレネ……61
シロバナタンポポ(白花蒲公英)……50
スイセン(水仙)……120
スカンポ(酸葉・すいば)……426
センリョウ(千両)……122

タ

タンポポ(蒲公英)……49
チャノハナ(茶の花)……117
ツクシ(土筆)……24

ナ

ナツコダチ(夏木立)……97
ナツツバキ(夏椿)……85
ナノハナ(菜の花)……43
ニリンソウ(二輪草)……45
ネムノハナ(合歓の花)……91
ノハナショウブ(野花菖蒲)……81

ハ

ハギ(萩)……103
ハクバイ(白梅)……10
ハナニラ(花韮)……23
ハナミズキ(花水木)……38
ハボタン(葉牡丹)……121
ハマギク(浜菊)……104,105
バラ(園の薔薇)……124,125
バラ(薔薇)……73
ヒイラギ(柊)……116
ヒガンザクラ(彼岸桜)……18,19
ヒガンバナ(彼岸花)……110,111
ヒツジグサ(未草)……94
ヒマワリ(向日葵)……86,87
ヒュウガミズキ(日向水木)……17
フクジュソウ(福寿草)……11
フシグロセンノウ(節黒仙翁)……109
ベニバナ(紅花)……82
ホオズキ(鬼灯)……83
ボタン(牡丹)……54,55

マ

マクワウリ(真桑瓜・甜瓜)……95
マンサク(金縷梅)……13
マンリョウ(万両)……123
ムギノホ(麦の穂)……68,69,70,71
モクセイ(木犀)……107
モモ(桃)……36

ヤ

ヤマザクラ(山桜)……34,35
ヤマボウシ(山法師)……96
ユウスゲ(夕菅)……92,93
ヨシ(葭)……114
ヨモギ(蓬)……52

ラ・ワ

ラッパスイセン(喇叭水仙)……15
リュウキュウカンヒザクラ(琉球寒緋桜)……14
リラ(ライラック)……37
ルピナス(昇藤・のぼりふじ)…64
レンゲソウ(蓮華草)……25
ワカダケ(若竹)……76,77

監者　渡邉みどり（わたなべ・みどり）

❖――1934年東京生まれ。ジャーナリスト、文化学園大学客員教授。早稲田大学卒業後、日本テレビに入社。1980年、ドキュメント番組「がんばれ太・平・洋――三つ子十五年の成長記録」で日本民間放送連盟賞受賞。美智子皇后とも親交があり、1959年の皇太子ご成婚パレード中継をはじめ皇室報道で活躍。昭和天皇崩御特番では総責任者を務める。『美智子皇后の「いのちの旅」』（文藝春秋）、『皇后美智子さま 愛と喜びの御歌』（講談社）、『心にとどめておきたい美智子さまの生き方38』（朝日新聞出版）など皇室関係の著作も多数ある。

写真　水野克比古（みずの・かつひこ）

❖――1941年京都市に生まれる。同志社大学文学部卒業。東京綜合写真専門学校研究科を経て、1969年から京都の風景・庭園・建築を題材に写真撮影に取り組み、第一人者として「京都写真」を確立する。写真集など著書は194冊を数える。日本写真家協会会員、日本写真芸術学会会員。京都府文化賞功労賞受賞。

美智子さまのお好きな花の図鑑

2019年5月1日　第1刷発行

監　修　渡邉みどり
写　真　水野克比古
発行者　土井尚道
発行所　株式会社 飛鳥新社
〒101-0003 東京都千代田区一ツ橋2-4-3
光文恒産ビル
電話（営業）03-3263-7770　（編集）03-3263-7773
http://www.asukashinsha.co.jp

企画編集：　蔭山敬吾（グレイスランド）
装幀・本文デザイン：下川雅敏
（クリエイティブハウス・トマト）
写真協力：　アルスフォト企画、主婦と生活社、
朝日新聞社
校　閲：　別府由紀子

印刷・製本　株式会社 廣済堂
編集担当　池上直哉（飛鳥新社）

ISBN978-4-86410-685-6